教科書

要点

ズバっ

新しい**数学**

3年

JN002883

東京書籍

この本の構成と特色

　この本は，東京書籍版教科書「新しい数学3年」に完全に対応した**要点まとめ本**です。教科書の内容が要領よくまとめられていますので，定期テスト直前にすばやく効果的に暗記・学習することができます。

 　　　　各節の項目ごとに教科書の要点をまとめてあります。テストの直前にもう一度確認しておきましょう。

 　　　テストによく出る問題を例題形式で取り上げ，解き方を示してあります。

 　基本的な用語や公式を確認する問題です。時間がないときは，ここだけでもチェックしておきましょう。

 　節ごとの内容をどれくらい理解できているか確認する問題です。

 　定期テストを想定した予想問題です。力だめしにチャレンジしてみましょう。

暗記用フィルターの使い方　　暗記してほしい大切な項目や問題の答は，フィルターを上にのせると見えなくなるような赤色になっています。

目　次

1章 文字式を使って説明しよう
——多項式

1 節 多項式の計算

要点 ❶多項式と単項式の乗除 教 p.12〜p.13

単項式と多項式の乗法

分配法則を使って計算する。

$$\pi(a+b)=\pi a+\pi b$$

例 $2a(5a-3b)=2a\times5a-2a\times3b$

$$=10a^2-6ab$$

多項式を単項式でわる除法

逆数を使い，乗法になおして計算する。

例 $(6xy^2+8x^2y)\div2x$

$$2x \xrightarrow{逆数} \frac{1}{2x}$$

わる数を逆数にしたあとは分配法則を使うよ。

$$=(6xy^2+8x^2y)\times\frac{1}{2x}$$

$$=\frac{6xy^2}{2x}+\frac{8x^2y}{2x}=3y^2+4xy$$

重要 例題

例題1 $3x(x+2)+x(4-x)$ を計算しなさい。

〈解答〉 $3x(x+2)+x(4-x)$

$$=3x\times x+3x\times\boxed{2}+x\times4-x\times\boxed{x}$$

$$=3x^2+\boxed{6x}+4x-\boxed{x^2}$$

$$=2x^2+\boxed{10x}$$

例題2 $(4x^2y-6xy)\div(-2xy)$ を計算しなさい。

〈解答〉 $(4x^2y-6xy)\times\left(\boxed{-\dfrac{1}{2xy}}\right)$ ← $-2xy$を逆数にしてかける。

$$=-\frac{4x^2y}{2xy}+\frac{6xy}{\boxed{2xy}}$$

$$=-2x+\boxed{3}$$

4

❷ 多項式の乗法 教 p.14〜p.15

式を展開する……単項式や多項式の積の形の式を,
かっこをはずして単項式の和の形に表すこと。

$(a+b)(c+d)$は,
$(a+b)×(c+d)$
で乗法の記号×
をはぶいたもの
だよ。

多項式と多項式の乗法

$(a+b)(c+d)$ を計算するには,次のような組み
合わせの和をつくる。

$$(a+b)(c+d)=\underset{①}{ac}+\underset{②}{ad}+\underset{③}{bc}+\underset{④}{bd}$$

★ $(a+b)(c+d)$ の計算は $c+d=M$ とおいて計算することもできる。

$$(a+b)(c+d)=(a+b)M$$
$$=aM+bM \quad\text{分配法則}$$
$$=a(c+d)+b(c+d) \quad M を c+d にもどす$$
$$=ac+ad+bc+bd \quad\text{分配法則}$$

 例題

例題 1 $(x+7)(x+6)$ を展開しなさい。

〈解答〉 $(x+7)(x+6)=x^2+\boxed{6x}+\boxed{7x}+42$
$$=x^2+\boxed{13x}+42$$

例題 2 $(2a+4)(a-3b+5)$ を展開しなさい。

〈解答〉 $(2a+4)(a-3b+5)$

$a-3b+5$ を,ひとつの
まとまりとみる。

$$=2a(a-3b+5)+\boxed{4}(a-3b+5)$$
$$=2a^2-6ab+\boxed{10a}+\boxed{4a}-12b+\boxed{20}$$
$$=2a^2-6ab+\boxed{14a}-12b+\boxed{20}$$

❸ 乗法公式 教 p.16〜p.21

要点

[乗法公式]

公式1 $(x+a)(x+b)=x^2+(a+b)x+ab$
公式2 $(x+a)^2=x^2+2ax+a^2$
公式3 $(x-a)^2=x^2-2ax+a^2$
公式4 $(x+a)(x-a)=x^2-a^2$

 公式1は，aやbが負の数でも成り立つよ。

文字でのおきかえ

式のなかの単項式や多項式を1つの文字とみることで，乗法公式が利用できるようになる。

例 $(3x+1)(3x+2)$ ── 3x を A とおく
$=(A+1)(A+2)$ ── 公式1
$=A^2+3A+2$ ── A を 3x にもどす
$=(3x)^2+3×3x+2$
$=9x^2+9x+2$

絶対暗記 ・乗法公式1〜4は必ず暗記すること。

★$(x+y+2)(x+y+3)$ のような式の展開も，$x+y$ を X とおくことで，$(X+2)(X+3)$ となり，公式1が利用できるようになる。

重要 例題

例題1 $(x+6)(x-2)$ を展開しなさい。

〈解答〉 $(x+6)\{x+(\boxed{-2})\}$ ── 公式1
$=x^2+\{6+(\boxed{-2})\}x+\boxed{6}×(-2)$
$=x^2+\boxed{4}x-\boxed{12}$

例題2 $(x+8)^2$ を展開しなさい。

〈解答〉 $\boxed{x^2}+2×8×\boxed{x}+8^2$ ── 公式2
$=\boxed{x^2}+16\boxed{x}+64$

例題3 $(x-3)^2$ を展開しなさい。 ─── 公式3

〈解答〉 $x^2-\boxed{2}\times3\times x+\boxed{3}^2$ ◄───

$=x^2-\boxed{6}x+\boxed{9}$

例題4 $(x+5)(x-5)$ を展開しなさい。 ─── 公式4

〈解答〉 $x^2-\boxed{5}^2$ ◄───

$=x^2-\boxed{25}$

例題5 $(3x-2y)^2$ を展開しなさい。

〈解答〉 $3x$ を X，$2y$ を A とおくと，

$(X-A)^2$ ───

$=X^2-\boxed{2AX}+A^2$ ◄─── 公式3

$=(3x)^2-2\times2y\times\boxed{3x}+(\boxed{2y})^2$ ◄─── X を $3x$，A を $2y$ にもどす

$=9x^2-\boxed{12xy}+\boxed{4y^2}$

例題6 $(a+b+5)(a+b-5)$ を展開しなさい。

〈解答〉 $a+b$ を X とおくと，

$(X+\boxed{5})(X-\boxed{5})$ ───

$=X^2-\boxed{25}$ ◄─── 公式4

$=(a+b)^2-\boxed{25}$ ◄─── X を $a+b$ にもどす

$=\boxed{a^2+2ab+b^2}-\boxed{25}$

例題7 $3(x-2)^2-(x+1)(x+5)$ を計算しなさい。

〈解答〉 式のなかで展開できる部分を展開すると，

$3(\boxed{x^2-4x+4})-(x^2+\boxed{6x}+5)$

$=\boxed{3x^2}-12x+12-x^2-\boxed{6x}-5$

$=\boxed{2x^2}-\boxed{18x}+7$

□ $a(b+c)$ を計算しなさい。 $ab+ac$

□ $a(b+c+d)$ を計算しなさい。 $ab+ac+ad$

□ $(4xy-6y)\div 2y$ を計算しなさい。 $2x-3$

□単項式や多項式の積の形の式を，かっこをはずして単   (式を)展開する
  項式の和の形に表すことを何というか。

□乗法公式1はどんな公式か。 $x^2+(a+b)x+ab$
    $(x+a)(x+b)=\boxed{}$

□乗法公式2はどんな公式か。 $x^2+2ax+a^2$
    $(x+a)^2=\boxed{}$

□乗法公式3はどんな公式か。 $x^2-2ax+a^2$
    $(x-a)^2=\boxed{}$

□乗法公式4はどんな公式か。 x^2-a^2
    $(x+a)(x-a)=\boxed{}$

□ $(x+1)(x+3)$ を展開しなさい。 x^2+4x+3

□ $(x-1)(x+1)$ を展開しなさい。 x^2-1

□ $(x+1)^2$ を展開しなさい。 x^2+2x+1

□ $(x-2)^2$ を展開しなさい。 x^2-4x+4

□ $(2x+1)(2x+2)$ を展開するとき，公式1~4のどの公   公式1
  式が利用できるか。

□ $(a+b-1)^2$ を展開するとき，公式1~4のどの公式が   公式3
  利用できるか。

□ $(3x+2y)(3x-2y)$ を展開するとき，公式1~4のどの   公式4
  公式が利用できるか。

□ $(x-y+3)(x-y-3)$ を展開するとき，$x-y$ を A とお $(A+3)(A-3)$
  くと，もとの式はどんな式におきかえられるか。

〔多項式と単項式の乗除〕

1 次の計算をしなさい。

(1) $3a(2a+b)$

$(\quad 6a^2+3ab \quad)$

(2) $(5x-y-1)\times(-4x)$

$(-20x^2+4xy+4x)$

(3) $(5x^2y-10y)\div 5y$

$=(5x^2y-10y)\times\dfrac{1}{5y}$

$(\quad x^2-2 \quad)$

(4) $(2ab^2-4a^2b)\div\dfrac{2}{5}b$

$=(2ab^2-4a^2b)\times\dfrac{5}{2b}$

$(\quad 5ab-10a^2 \quad)$

〔いろいろな式の展開〕

2 次の式を展開しなさい。

(1) $(x+2)(2y-4)$

$(\,2xy-4x+4y-8\,)$

(2) $(a-1)(a+2b+1)$

$=a^2+2ab+a-a-2b-1$

$(\,a^2+2ab-2b-1\,)$

(3) $(a+4)(a+3)$

$=a^2+(4+3)a+4\times3$

$(\quad a^2+7a+12 \quad)$

(4) $(x+5)^2$

$=x^2+2\times5\times x+5^2$

$(\quad x^2+10x+25 \quad)$

(5) $(a-7)^2$

$=a^2-2\times7\times a+7^2$

$(\quad a^2-14a+49 \quad)$

(6) $(x+6)(x-6)$

$=x^2-6^2$

$(\quad x^2-36 \quad)$

(7) $(x+4y)(x-4y)$

$=(x+A)(x-A)=x^2-A^2$

$(\quad x^2-16y^2 \quad)$

(8) $(x-y+2)(x-y-2)$

$=(X+2)(X-2)$

$=X^2-2^2=(x-y)^2-4$

$(\,x^2-2xy+y^2-4\,)$

☞ **アドバイス**

式のなかの単項式,多項式をAやXにおきかえることによって,乗法公式が使える。

(7)では,$4y$をAとおいてみよう。
(8)では,$x-y$をXとおいてみるといいよ。

9

2節 因数分解

要点 ❶ 因数分解 📖 p.24～p.25

因数……整数をいくつかの整数の積で表すとき，その
ひとつひとつの数を，もとの数の**因数**という。単項
式や多項式でも，整数のときと同じように考える。

$$x^2+4x+3=\underbrace{(x+1)}_{\text{因数}}\ \underbrace{(x+3)}_{\text{因数}}$$

$3xy$ では，3，x，y などの他に，$3x$，xy，$3y$ なども因数として考えられるよ。

素因数……素数である因数。$42=2×3×7$ と自然数を
素因数の積で表すことを素因数分解という。

因数分解……多項式をいく
つかの因数の積として表
すことを，その多項式を
因数分解するという。

$$x^2+6x+8$$
因数分解 ↓　↑ 展開
$$(x+2)(x+4)$$

(注) $3x^2+6xy$ は，$x(3x+6y)$ としても因数分解したことになるが，
かっこの中の共通な因数 3 をかっこの外にくくり出して，
$3x(x+2y)$ のように，できるかぎり因数分解する。

重要 例題

例題1 $8x^2+4xy$ を因数分解しなさい。

〈解答〉 $8x^2=2×④×ⓧ×x$，$4xy=④×ⓧ×y$

$8x^2+4xy=\boxed{4x}×2x+\boxed{4x}×y$

$=\boxed{4x}(2x+y)$

例題2 $2ax+6ay-8az$ を因数分解しなさい。

〈解答〉 $2ax=②×ⓐ×x$，$6ay=②×3×ⓐ×y$，$8az=②×4×ⓐ×z$

$2ax+6ay-8az=\boxed{2a}×x+\boxed{2a}×3y-\boxed{2a}×4z$

$=\boxed{2a(x+3y-4z)}$

要点 ❷ 公式を利用する因数分解　数 p.26〜p.30

乗法公式を逆に使うと次の因数分解の公式が得られる。

公式1′は，aやbが負の数でも成り立つよ。

因数分解の公式

公式1′　$x^2+(a+b)x+ab=(x+a)(x+b)$

公式2′　$x^2+2ax+a^2=(x+a)^2$

公式3′　$x^2-2ax+a^2=(x-a)^2$

公式4′　$x^2-a^2=(x+a)(x-a)$

重要 例題

例題1　x^2+6x+8 を因数分解しなさい。

〈解答〉　公式1′で，$a+b=\boxed{6}$，$ab=\boxed{8}$

$x^2+\ \textcircled{6}x\ +\textcircled{8}$
$x^2+(\!\textcircled{a+b}\!)x+\textcircled{ab}$

和が6，積が8となる2つの数は，

2と $\boxed{4}$ であるから，$x^2+6x+8=(x+2)(\boxed{x+4})$

例題2　$x^2-8x+16$ を因数分解しなさい。

〈解答〉　公式3′で，$2a=\boxed{8}$，$a^2=\boxed{16}$

$x^2-\ \textcircled{8}x+\textcircled{16}$
$x^2-\textcircled{2a}x+\textcircled{a^2}$

$8=2\times\boxed{4}$，$16=\boxed{4}^2$ であるから，

$x^2-8x+16=(x-\boxed{4})^2$

例題3　x^2-81 を因数分解しなさい。

〈解答〉　公式4′で，$a^2=\boxed{81}$

$x^2-\textcircled{81}$
$x^2-\textcircled{a^2}$

$x^2-81=x^2-\boxed{9}^2=(x+\boxed{9})(x-\boxed{9})$

例題4　$3x^2-15x+12$ を因数分解しなさい。

まず，共通な因数をくくり出す。

〈解答〉　$3(x^2-\boxed{5x}+\boxed{4})$
　　　$=3\boxed{(x-1)(x-4)}$　　公式1′

例題5　$9x^2+6x+1$ を因数分解しなさい。

XやAを使わずに，そのまま公式にあてはめてもよい。
$(3x)^2+2\times1\times3x+1^2$

〈解答〉　$3x=X$，$1=A$ とおくと

　　　$X^2+2AX+\boxed{A}^2$
　　$=(X+\boxed{A})^2$　　公式2′
　　$=(\boxed{3x}+1)^2$

Xを$3x$，Aを1
にもどす

□ $x^2+3x+2=(x+1)(x+2)$ という等式が成り立っている　|　因数
　とき，$x+1$ と $x+2$ を多項式 x^2+3x+2 の何という
　か。

□多項式をいくつかの因数の積として表すことを，その　|　因数分解
　多項式を□するという。

□ $ma+mb+mc$ の共通な因数は何か。　|　m

□因数分解の公式 1′ とはどんな公式か。　|　$(x+a)(x+b)$
　　$x^2+(a+b)x+ab=$□

□因数分解の公式 2′ とはどんな公式か。　|　$(x+a)^2$
　　$x^2+2ax+a^2=$□

□因数分解の公式 3′ とはどんな公式か。　|　$(x-a)^2$
　　$x^2-2ax+a^2=$□

□因数分解の公式 4′ とはどんな公式か。　|　$(x+a)(x-a)$
　　$x^2-a^2=$□

□ $2ax-8ay$ を因数分解するには，共通な因数□をく　|　$2a$
　くり出せばよい。

□ x^2+7x+6 を因数分解するには，和が 7，積が□　|　6
　になるような 2 つの数をみつければよい。

□ x^2+x-6 を因数分解するには，和が□，積が -6　|　1
　になるような 2 つの数をみつければよい。

□ x^2-100 を因数分解しなさい。　|　$(x+10)(x-10)$

□ $x^2-20x+100$ を因数分解しなさい。　|　$(x-10)^2$

□ $2x^2+20x+50$ を因数分解しなさい。　|　$2(x+5)^2$

□ $4x^2-9y^2$ を因数分解しなさい。　|　$(2x+3y)(2x-3y)$

〔因数分解〕

1 次の式を因数分解しなさい。

(1)　$5ab-10bc$

（　　$5b(a-2c)$　）

(2)　x^2y+xy

（　　$xy(x+1)$　）

〔いろいろな因数分解〕

2 次の式を因数分解しなさい。

(1)　a^2+4a+3

　　$=a^2+(1+3)a+1\times3$

（　　$(a+1)(a+3)$　）

(2)　$x^2-15x+36$

　　$=x^2+(-3-12)x+(-3)\times(-12)$

（　　$(x-3)(x-12)$　）

(3)　$x^2-4x-32$

　　$=x^2+(4-8)x+4\times(-8)$

（　　$(x+4)(x-8)$　）

(4)　$x^2+8x+16$

　　$=x^2+2\times4\times x+4^2$

（　　$(x+4)^2$　）

(5)　x^2-64

　　$=x^2-8^2$

（　　$(x+8)(x-8)$　）

(6)　$3x^2+6x-9$

　　$=3(x^2+2x-3)$

（　　$3(x-1)(x+3)$　）

(7)　$x^2+14xy+49y^2$

　　$=x^2+2\times7y\times x+(7y)^2$

（　　$(x+7y)^2$　）

(8)　$16x^2-9y^2$

　　$=(4x)^2-(3y)^2$

（　　$(4x+3y)(4x-3y)$　）

(9)　$(x+y)^2+2(x+y)+1$

　　$=X^2+2X+1=(X+1)^2$

（　　$(x+y+1)^2$　）

(10)　$(2x+1)^2-(x-1)^2$

　　$=X^2-A^2=(X+A)(X-A)$

　　$=(2x+1+x-1)(2x+1-x+1)$

（　　$3x(x+2)$　）

アドバイス

式のなかにある多項式を1つの文字におきかえることで，因数分解の公式にあてはめられることがある。

(9)では，$x+y$ を X とおいてみよう。
(10)では，$2x+1$ を X，$x-1$ を A とおいてみよう。

❶ 式の計算の利用 数 p.33～p.35

数の計算への利用

展開や因数分解を利用することで，数の計算が簡単にできる場合がある。

例 $83 \times 77 = (80+3)(80-3) = 80^2 - 3^2 = 6391$

式の値を求めるときの利用

式の値を求めるとき，式を変形してから代入したほうが計算が簡単になることが多い。

証明問題への利用

問題文の数量を文字式で表し，式を変形して証明する。

> 偶数は必ず2でわりきれるから，$2n$で表せるんだね。偶数と奇数は交互に並んでいるから，$2n+1$は奇数だね。

証明によく使われる文字式

整数nを使うと

偶数 → $2n$　　奇数 → $2n+1$　　4の倍数 → $4n$

連続した整数 → ……，$n-1$，n，$n+1$，……

絶対暗記 整数nを使うと

2つの続いた偶数は　$2n$，$2n+2$，

その間にある奇数は　$2n+1$　と表される。

重要 例題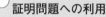

例題1 次の式を，くふうして計算しなさい。

(1) $75^2 - 25^2$　　　　　　　　　　(2) 102^2

〈解答〉
(1) $75^2 - 25^2$
$= (75+25) \times (\boxed{75} - \boxed{25})$
$= 100 \times \boxed{50}$
$= \boxed{5000}$

(2) 102^2
$= (100+2)^2$
$= \boxed{100}^2 + 2 \times 2 \times \boxed{100} + 2^2$
$= \boxed{10404}$

例題2 2つの続いた整数で，大きい数の平方から小さい数の平方をひいた差は，その2つの整数の和に等しくなる。このことを証明しなさい。

〈解答〉　nを整数とすると，

　　2つの続いた整数は，n，$\boxed{n+1}$　と表せる。

　　大きい方の数の平方から，小さい方の数の平方をひくと

$$(n+1)^2-n^2=\boxed{n^2}+2n+1-n^2$$
$$=2n+1$$
$$=\boxed{n}+(n+1)$$

　　したがって，2つの続いた整数の和に等しくなる。

例題3 半径 r m の円形の土地の周囲に，幅 a m の道がある。これについて，次の問に答えなさい。

(1)　道の面積Sを求めなさい。

(2)　道の真ん中を通る円の周の長さ ℓ を求めなさい。

(3)　$S=a\ell$ を証明しなさい。

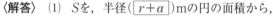

〈解答〉　(1)　Sを，半径（$\boxed{r+a}$）mの円の面積から，

　　　　　半径　$\boxed{r}$　mの円の面積をひいたものと考えると

$$S=\pi\boxed{(r+a)^2}-\pi\boxed{r^2}$$
$$=\pi(\boxed{r^2+2ar+a^2})-\pi\boxed{r^2}$$
$$=2\pi ar+\pi a^2$$

(2)　道の真ん中を通る円の半径は $\left(r+\boxed{\dfrac{a}{2}}\right)$ m であるから

$$\ell=2\pi\left(\boxed{r+\dfrac{a}{2}}\right)=2\pi r+\boxed{\pi a}$$

(3)　$a\ell$ に $\ell=2\pi r+\pi a$ を代入すると，

$$a\ell=a(2\pi r+\pi a)$$
$$=\boxed{2\pi ar}+\pi a^2$$

　　したがって，$S=\boxed{a\ell}$

□ 55^2-45^2を計算するときに，$(55+\boxed{①})(55-\boxed{②})$ ①45 ②45
と変形することで計算が簡単になる。

□ $102×98$を計算するときに，$100^2-\boxed{}^2$と変形する   2
ことで計算が簡単になる。

□ 105^2を計算するときに，$100^2+\boxed{}×5×100+5^2$と   2
変形することで計算が簡単になる。

□ 26^2-24^2を計算しなさい。   100

□右の図で，2つの円にはさまれた $1000\pi\,\mathrm{cm}^2$
影の部分の面積を求めなさい。

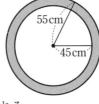

□整数nを使って偶数は$\boxed{}$と表される。 $2n$

□整数nを使って奇数は$\boxed{}$と表される。 $2n+1$
（または$2n-1$）

□整数nを使うと2つの続いた偶数は，$2n,\ \boxed{}$と表さ $2n+2$
れる。   （または$2n-2$）

□3つの続いた整数を，中央の整数をnとして表すと，   ①$n-1$ ②$n+1$
$\boxed{①},\ n,\ \boxed{②}$となる。

□十の位の数がa，一の位の数がbであるような2けた $10a+b$
の整数は，$\boxed{}$と表される。

□右の図のように，半径$r\,$mの円形 $a\ell$
の土地の周囲に，幅$a\,$mの道があ
り，道の真ん中を通る円の周の長
さが$\ell\,$mであるとき，この道の面
積$S\,$m^{2}は，$S=\boxed{}$と表される。

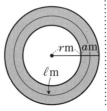

定期テスト対策

1 次の計算をしなさい。

(1) $2a(a+5b)$

$(\quad 2a^2+10ab \quad)$

(2) $-2x(x+y-5)$

$(\quad -2x^2-2xy+10x \quad)$

(3) $(3a^2-6a)\div\dfrac{3}{2}a$

$(\quad 2a-4 \quad)$

(4) $3x(2x-1)+x(x+2)$

$(\quad 7x^2-x \quad)$

2 次の式を展開しなさい。

(1) $(x+7)(x+4)$

$(\quad x^2+11x+28 \quad)$

(2) $(x+3)(x-8)$

$(\quad x^2-5x-24 \quad)$

(3) $(x-9)(x-7)$

$(\quad x^2-16x+63 \quad)$

(4) $(2x+y)(x+3y)$

$(\quad 2x^2+7xy+3y^2 \quad)$

(5) $(x-7)^2$

$(\quad x^2-14x+49 \quad)$

(6) $(5-x)(5+x)$

$(\quad 25-x^2 \quad)$

(7) $(-y+2)(y+2)$

$=(2-y)(2+y)$

$(\quad 4-y^2 \quad)$

(8) $(2x+5y)^2$

$=(2x)^2+2\times5y\times2x+(5y)^2$

$(\quad 4x^2+20xy+25y^2 \quad)$

(9) $(a-b-4)(a-b+4)$

$=\{(a-b)-4\}\{(a-b)+4\}$

$=(a-b)^2-4^2$

$(\quad a^2-2ab+b^2-16 \quad)$

(10) $(x+y-1)(x-y+1)$

$=\{x+(y-1)\}\{x-(y-1)\}$

$=x^2-(y-1)^2$

$(\quad x^2-y^2+2y-1 \quad)$

3 次の計算をしなさい。

(1) $3(a+2)^2-(a-1)^2$

$=3(a^2+4a+4)-(a^2-2a+1)$

$=3a^2+12a+12-a^2+2a-1$

$(\quad 2a^2+14a+11 \quad)$

(2) $(x-1)^2-(2x-3)(2x+3)$

$=x^2-2x+1-(4x^2-9)$

$=x^2-2x+1-4x^2+9$

$(\quad -3x^2-2x+10 \quad)$

4 次の式を因数分解しなさい。

(1) $a^2b - ab^2 + abc$

$(\quad ab(a-b+c) \quad)$

(2) $x^2 + 2x + 1$

$(\quad (x+1)^2 \quad)$

(3) $x^2 - 6x - 16$

$(\quad (x+2)(x-8) \quad)$

(4) $x^2 + x - 12$

$(\quad (x-3)(x+4) \quad)$

(5) $2x^2 + 12x + 16$

$\quad = 2(x^2 + 6x + 8)$

$(\quad 2(x+2)(x+4) \quad)$

(6) $3x^2 - 3y^2$

$\quad = 3(x^2 - y^2)$

$(\quad 3(x+y)(x-y) \quad)$

(7) $9x^2 - 49$

$\quad = (3x)^2 - 7^2$

$(\quad (3x+7)(3x-7) \quad)$

(8) $16x^2 - 24x + 9$

$\quad = (4x)^2 - 2 \times 3 \times 4x + 3^2$

$(\quad (4x-3)^2 \quad)$

(9) $x^2 + 20xy + 100y^2$

$\quad = x^2 + 2 \times 10y \times x + (10y)^2$

$(\quad (x+10y)^2 \quad)$

(10) $2x^2 - 8xy + 8y^2$

$\quad = 2(x^2 - 4xy + 4y^2)$

$(\quad 2(x-2y)^2 \quad)$

5 次の式を因数分解しなさい。

(1) $(x+1)^2 - 2(x+1) - 8$

$\quad = X^2 - 2X - 8 = (X+2)(X-4)$

$(\quad (x+3)(x-3) \quad)$

(2) $(2x-3)^2 - x(2x-3)$

$\quad = X^2 - xX = X(X-x)$

$(\quad (2x-3)(x-3) \quad)$

6 次の式を，くふうして計算しなさい。

(1) 103×97

$\quad = (100+3)(100-3)$

$\quad = 100^2 - 3^2 = 10000 - 9$

$(\quad 9991 \quad)$

(2) $3.5^2 - 1.5^2$

$\quad = (3.5+1.5)(3.5-1.5)$

$\quad = 5 \times 2$

$(\quad 10 \quad)$

7 $x=37$，$y=17$ のとき，$x^2 - 2xy + y^2$ の値を求めなさい。

$(x-y)^2$ に $x=37$，$y=17$ を代入する。

$(\quad 400 \quad)$

8 2つの続いた奇数で，大きい数の平方から小さい数の平方をひいた差は8の倍数になる。このことを証明しなさい。

整数nを使って，2つの続いた奇数は$2n-1$，$2n+1$と表せる。

大きい数の平方から小さい数の平方をひくと

$(2n+1)^2-(2n-1)^2=(2n+1+2n-1)(2n+1-2n+1)$
$$=4n\times2=8n$$

したがって，8の倍数になる。

9 右の図のような，2つの正方形にはさまれた幅amの道がある。これについて，次の問に答えなさい。

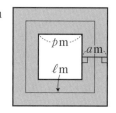

(1) 道の面積Sを求めなさい。

$S=(p+2a)^2-p^2=p^2+4ap+4a^2-p^2$
$$(\quad S=4ap+4a^2\quad)$$

(2) 道の真ん中を通る線の長さℓを求めなさい。

$\ell=\left(p+\dfrac{a}{2}\times2\right)\times4$ $\qquad(\quad \ell=4p+4a\quad)$

(3) Sをa，ℓを使って表しなさい。

$S=4ap+4a^2=a(4p+4a)$ $\qquad(\quad S=a\ell\quad)$

 この考え方も 身につけよう

多項式を共通因数とみる因数分解

(1) $x(x+1)-y(x+1)$ を因数分解しなさい。

$x+1$ を共通な因数とみてくくり出すと

$x(\underline{(x+1)})-y(\underline{(x+1)})=(x-y)(\underline{(x+1)})$

(2) $xy-y+2x-2$ を因数分解しなさい。

2つずつの項に共通な因数でくくり出すと

$x\underline{y}-\underline{y}+\boxed{2}x-\boxed{2}=\underline{y}(x-1)+\boxed{2}(x-1)$

$x-1$ を共通な因数とみてくくり出すと

$y(\underline{(x-1)})+2(\underline{(x-1)})=(y+2)(\underline{(x-1)})$

(1)で，$x+1$をAとおいてみると
$xA-yA$
$=(x-y)A$
となるよ。

2章 数の世界をさらにひろげよう ——平方根

1節 平方根

要点

❶ 平方根 数 p.44〜p.49

$x^2=3$ を成り立たせる正の数 x を小数で表すと 1.7320… となり，かぎりなく続く。この数を $\sqrt{}$（根号）を用いて $\sqrt{3}$ と表し，「ルート3」と読む。

1.7320は，$\sqrt{3}$ の真の値ではないが，それに近い値である。このような値を**近似値**という。

平方根……ある数 x を2乗すると a になるとき，すなわち，$x^2=a$ であるとき，x を a の**平方根**という。

平方根のきまり

$\sqrt{9}$ を求めよといわれたら，$\sqrt{9}=3$ 9の平方根を求めよといわれたら，±3と答えるよ。

1 正の数には平方根が2つあって，絶対値が等しく，符号が異なる。

2 0の平方根は0だけである。（$\sqrt{0}=0$）

$$\begin{matrix} \sqrt{2} \\ -\sqrt{2} \end{matrix} \begin{array}{c} {\scriptstyle 2\,乗}\\ {\scriptstyle (平方)}\\ \rightleftarrows \\ {\scriptstyle 平方根} \end{array} 2$$

★ $\sqrt{a}$ と $-\sqrt{a}$ を，まとめて $\pm\sqrt{a}$ と書き，「プラス マイナス ルート a」と読む。

絶対暗記 a を正の数とするとき，$(\sqrt{a})^2=a$，$(-\sqrt{a})^2=a$

重要 例題

例題1 次の数の平方根を求めなさい。

(1) 36　　　(2) 5　　　(3) 0.25　　　(4) $\dfrac{9}{121}$

〈解答〉(1) ± 6　　(2) $\pm\sqrt{5}$　　(3) ± 0.5　　(4) $\pm\dfrac{3}{11}$

例題2 次の数を根号を使わずに表しなさい。

(1) $\sqrt{4}=\boxed{2}$　　　　　　　(2) $-\sqrt{49}=\boxed{-7}$

(3) $\sqrt{(-6)^2}=\boxed{6}$　　　　(4) $(\sqrt{3})^2=\boxed{3}$

要点

平方根の大小

a, b が正の数で，$a<b$ ならば $\sqrt{a}<\sqrt{b}$

有理数……a を整数，b を 0 でない整数としたとき，

$\dfrac{a}{b}$ の形で表すことができる数。

> n が自然数の ときの $\sqrt{n}$ は，n が自然数の 2 乗 になっていると き以外は無理数 だよ。

例 $3=\dfrac{3}{1}$，$0.2=\dfrac{1}{5}$ だから，これらは有理数である。

無理数……$\sqrt{2}$，$\sqrt{3}$ のように小数で表すとかぎりな く続き，分数で表すことのできない数。

例 $\sqrt{10}$，$\sqrt{20}$，円周率 π などは無理数である。

★・0.3や2.34のように，終わりのある小数を有限小数といい，終わ りのない小数を無限小数という。

・$\dfrac{1}{13}$ を小数で表したときのように，同じ数字の並びがかぎりなく くり返す無限小数を循環小数という。

$$
\text{数}\begin{cases}\text{有理数}\begin{cases}\text{整数}\begin{cases}\text{正の整数（自然数）}\\0\\\text{負の整数}\end{cases}\\\text{整数ではない有理数}……\begin{cases}……………………有限小数\\\text{循環小数}\\\text{循環しない無限小数}\end{cases}\Big\}\text{無限小数}\end{cases}\\\text{無理数}………………………………………………\end{cases}
$$

 例題

例題1 次の各組の数の大小を，不等号を使って表しなさい。

(1) $\sqrt{23}$, $\sqrt{26}$ (2) 5, $\sqrt{30}$

〈**解答**〉 (1) 23 $\boxed{<}$ 26 であるから，$\sqrt{23}$ $\boxed{<}$ $\sqrt{26}$

(2) $5^2=\boxed{25}$，$(\sqrt{30})^2=\boxed{30}$ で，$\boxed{25}<\boxed{30}$ であるから

$\sqrt{25}<\sqrt{30}$ すなわち 5 $\boxed{<}$ $\sqrt{30}$

例題2 -3, 0.6, $\sqrt{7}$, $\sqrt{25}$ を，有理数と無理数に分けなさい。

〈解答〉 $-3 = \dfrac{-3}{1}$, $0.6 = \dfrac{3}{5}$, $\sqrt{25} = 5 = \dfrac{5}{1}$ だから，これらは

有理数である。また，$\boxed{\sqrt{7}}$ は分数で表せないので，無理数である。

用 語・公 式 check!

□1.4 や 1.41 は $\sqrt{2}$ の真の値ではないが，それに近い値である。この値を何というか。	近似値
□記号 $\sqrt{}$ を何というか。	根号
□ある数 x を2乗すると a になるとき，x を a の何というか。	平方根
□0の平方根は何か。	0
□正の数に平方根はいくつあるか。	2つ
□負の数に平方根はあるか。	ない
□a, b が正の数で，$a > b$ のとき，$\sqrt{a}$, $\sqrt{b}$ の大小を不等号を使って表しなさい。	$\sqrt{a} > \sqrt{b}$
□2の平方根のうち，正のほうは $\boxed{}$ である。	$\sqrt{2}$
□2の平方根のうち，負のほうは $\boxed{}$ である。	$-\sqrt{2}$
□1の平方根は $\boxed{①}$，0.04の平方根は $\boxed{②}$ である。	①± 1 ②± 0.2
□$\dfrac{1}{36}$ の平方根は $\boxed{}$ である。	$\pm\dfrac{1}{6}$
□11の平方根は $\boxed{}$ である。	$\pm\sqrt{11}$
□$\sqrt{0} = \boxed{}$ である。	0
□$-\sqrt{4} = \boxed{①}$，$\sqrt{(-2)^2} = \boxed{②}$ である。	①-2 ②$2$
□分数で表すことのできる数を何というか。	有理数
□分数で表すことのできない数を何というか。	無理数
□-7, 0.9, $\sqrt{4}$, $\sqrt{5}$ のうち，無理数はどれか。	$\sqrt{5}$
□$\dfrac{1}{7}$ を小数で表すと，有限小数，循環小数のどちらになるか。	循環小数

〔平方根〕

1　次の数の平方根を求めなさい。

(1)　7

(　$\pm\sqrt{7}$　)

(2)　16

(　± 4　)

(3)　169

(　± 13　)

(4)　$\dfrac{5}{6}$

(　$\pm\sqrt{\dfrac{5}{6}}$　)

〔根号のついた数〕

2　次の数を根号を使わずに表しなさい。👉 **アドバイス**

(1)　$-\sqrt{9}$

(　-3　)

(2)　$(-\sqrt{7})^2$

(　7　)

(3)　$\sqrt{(-13)^2}$

(　13　)

$-\sqrt{a}$ は a の平方根のうちの負のほうである。また，このことから $(-\sqrt{a})^2=a$ が成り立つこともわかる。

9の平方根は，3と-3だね。$-\sqrt{9}$ はこのうちの負のほうだよ。

〔平方根の大小〕

3　次の各組の数の大小を，不等号を使って表しなさい。

(1)　$\sqrt{31}$, $\sqrt{41}$

31<41

(　$\sqrt{31}<\sqrt{41}$　)

(2)　4, $\sqrt{15}$

$4^2=16$, $(\sqrt{15})^2=15$ で 16>15

(　$4>\sqrt{15}$　)

〔有理数と無理数〕

4　次の数のなかから，無理数を選びなさい。

㋐　$-\dfrac{4}{9}$　　㋑　$\sqrt{17}$　　㋒　6.2　　㋓　5　　㋔　$-\sqrt{49}$

㋑　$\sqrt{17}=4.123105\cdots$，㋔　$-\sqrt{49}=-7$ だから，
㋑は無理数，㋔は負の整数である。

(　㋑　)

23

2 節 根号をふくむ式の計算

 ❶ 根号をふくむ式の乗除 教 p.52〜p.56

$\sqrt{a^2b}=a\sqrt{b}$ の変形を使うと, 根号の中をできるだけ小さい自然数にできるよ。

平方根の積と商

a, b を正の数とするとき

1 $\sqrt{a}\times\sqrt{b}=\sqrt{ab}$　　2 $\dfrac{\sqrt{a}}{\sqrt{b}}=\sqrt{\dfrac{a}{b}}$

平方根の変形

$a\sqrt{b}=\sqrt{a^2b}$　　　　$\sqrt{a^2b}=a\sqrt{b}$

平方根の近似値

$\sqrt{3}=1.732$ を用いて, $\sqrt{300}$ など, 根号のついた数を変形して近似値を求める。

 例題

例題 1 次の計算をしなさい。

(1) $\sqrt{7}\times\sqrt{5}=\sqrt{\boxed{7}\times\boxed{5}}$
　　　　$=\sqrt{\boxed{35}}$

(2) $\sqrt{14}\div\sqrt{2}=\sqrt{\dfrac{14}{\boxed{2}}}=\boxed{\sqrt{7}}$

例題 2 次の問に答えなさい。

(1) $3\sqrt{5}$ を $\sqrt{a}$ の形に表しなさい。

(2) $\sqrt{108}$ を $a\sqrt{b}$ の形に表しなさい。

〈解答〉 (1) $3\sqrt{5}=\sqrt{3^{\boxed{2}}\times5}=\sqrt{\boxed{9}\times5}=\sqrt{\boxed{45}}$

(2) $\sqrt{108}=\sqrt{2^2\times3^{\boxed{3}}}=\sqrt{2^2\times3^2\times\boxed{3}}=\boxed{2}\times3\times\boxed{\sqrt{3}}=\boxed{6\sqrt{3}}$

例題 3 $\sqrt{5}=2.236$ として, 次の値を求めなさい。

(1) $\sqrt{500}$　　　　(2) $\sqrt{50000}$　　　　(3) $\sqrt{0.05}$

〈解答〉 (1) $\sqrt{500}=\sqrt{5}\times\boxed{10}=2.236\times\boxed{10}=\boxed{22.36}$

(2) $\sqrt{50000}=\sqrt{5}\times\boxed{100}=2.236\times\boxed{100}=\boxed{223.6}$

(3) $\sqrt{0.05}=\sqrt{5}\times\boxed{\dfrac{1}{10}}=2.236\times\boxed{\dfrac{1}{10}}=\boxed{0.2236}$

分母の有理化……分母に根号のある数を，分母に根号がない形に表すこと。

例 $\dfrac{\sqrt{2}}{\sqrt{5}} = \dfrac{\sqrt{2} \times \boxed{\sqrt{5}}}{\sqrt{5} \times \boxed{\sqrt{5}}}$

> 分母と分子に同じ数をかける。

$= \dfrac{\sqrt{10}}{5}$

根号の中の数はなるべく小さくしておこう。また，答の分母は有理化しておこう。

$\dfrac{5}{2\sqrt{10}} = \dfrac{5 \times \boxed{\sqrt{10}}}{2\sqrt{10} \times \boxed{\sqrt{10}}} = \dfrac{5 \times \sqrt{10}}{2 \times 10} = \dfrac{\sqrt{10}}{4}$

根号をふくむ乗法や除法

例 $\sqrt{12} \times \sqrt{28}$
$= 2\sqrt{3} \times 2\sqrt{7}$
$= 2 \times 2 \times \sqrt{3} \times \sqrt{7}$
$= 4\sqrt{21}$

例 $\sqrt{20} \div \sqrt{3}$
$= \dfrac{\sqrt{20}}{\sqrt{3}} = \dfrac{2\sqrt{5}}{\sqrt{3}}$
$= \dfrac{2\sqrt{5} \times \sqrt{3}}{\sqrt{3} \times \sqrt{3}} = \dfrac{2\sqrt{15}}{3}$

重要 例題

例題1 次の数の分母を有理化しなさい。

(1) $\dfrac{2}{\sqrt{3}}$

(2) $\dfrac{3}{10\sqrt{3}}$

〈解答〉 (1) $\dfrac{2 \times \boxed{\sqrt{3}}}{\sqrt{3} \times \boxed{\sqrt{3}}} = \dfrac{2\boxed{\sqrt{3}}}{\boxed{3}}$

(2) $\dfrac{3 \times \boxed{\sqrt{3}}}{10\sqrt{3} \times \boxed{\sqrt{3}}} = \dfrac{3 \times \boxed{\sqrt{3}}}{10 \times \boxed{3}} = \dfrac{\boxed{\sqrt{3}}}{10}$

例題2 次の計算をしなさい。

(1) $\sqrt{20} \times \sqrt{18}$
$= \boxed{2}\sqrt{5} \times \boxed{3}\sqrt{2}$
$= \boxed{2} \times \boxed{3} \times \sqrt{5} \times \sqrt{2}$
$= \boxed{6\sqrt{10}}$

(2) $\sqrt{27} \div \sqrt{6}$
$= \dfrac{\sqrt{27}}{\sqrt{6}} = \dfrac{\boxed{3}\sqrt{3}}{\sqrt{2} \times \sqrt{\boxed{3}}}$
$= \dfrac{\boxed{3}}{\sqrt{2}} = \dfrac{3 \times \sqrt{2}}{\sqrt{2} \times \boxed{\sqrt{2}}}$
$= \dfrac{\boxed{3\sqrt{2}}}{2}$

25

❷ 根号をふくむ式の加減 教 p.57〜p.59

根号をふくむ式の加減

同じ数の平方根をふくんだ式は，同類項（どうるいこう）をまとめる
のと同じようにして計算することができる。

同類項のある文
字式の計算のし
かたは，覚えて
るかな。

例　$3\sqrt{3}+2\sqrt{3}=(3+2)\sqrt{3}$
$=5\sqrt{3}$

$$3\sqrt{3}+2\sqrt{3}=5\sqrt{3}$$
$$|\qquad|$$
$$3a+2a=5a$$

$4\sqrt{5}-\sqrt{5}=(4-1)\sqrt{5}$
$=3\sqrt{5}$

$$4\sqrt{5}-\sqrt{5}=3\sqrt{5}$$
$$|\qquad|$$
$$4a-a=3a$$

注 $\sqrt{2}+\sqrt{3}=\sqrt{5}$ とは**ならない**。$\sqrt{2}+\sqrt{3}$ は，これ以上簡単に表す
ことができないが，1つの数を表している。

数直線上に表すと，
だいたいこの辺り。

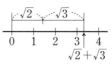

 例題

例題1 次の計算をしなさい。

(1) $6\sqrt{5}+3\sqrt{5}$

(2) $11\sqrt{7}-3\sqrt{7}$

〈解答〉 (1) $6\sqrt{5}+3\sqrt{5}$
$=(6+\boxed{3})\sqrt{5}$
$=\boxed{9\sqrt{5}}$

(2) $11\sqrt{7}-3\sqrt{7}$
$=(11-3)\boxed{\sqrt{7}}$
$=\boxed{8\sqrt{7}}$

例題2 $3\sqrt{2}+5\sqrt{3}-\sqrt{2}-4\sqrt{3}$ を計算しなさい。

〈解答〉 $3\sqrt{2}+5\sqrt{3}-\sqrt{2}-4\sqrt{3}$
$=3\sqrt{2}-\sqrt{2}+5\sqrt{3}-4\sqrt{3}$
$=(3-1)\boxed{\sqrt{2}}+(5-4)\boxed{\sqrt{3}}$
$=\boxed{2\sqrt{2}+\sqrt{3}}$

根号の中の数が異なる場合の加減

根号の中ができるだけ小さい自然数になるように変形してから計算する。

$a\sqrt{b}$ の形に変形すると, 加法や減法が計算できるようになるものがあるよ。

例 $\sqrt{50}+\sqrt{8}=5\sqrt{2}+2\sqrt{2}=7\sqrt{2}$

分母に根号のある数の加減

分母に根号のある数は, 分母を有理化してから計算する。

例 $4\sqrt{2}-\dfrac{6}{\sqrt{2}}=4\sqrt{2}-\dfrac{6\sqrt{2}}{2}$

$\qquad\qquad\quad =4\sqrt{2}-3\sqrt{2}$

$\qquad\qquad\quad =\sqrt{2}$

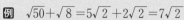

重要 例題

例題1 $\sqrt{75}+\sqrt{8}-2\sqrt{3}+\sqrt{50}$ を計算しなさい。

〈解答〉 $\sqrt{75}+\sqrt{8}-2\sqrt{3}+\sqrt{50}$

$=\sqrt{5^2\times3}+\sqrt{2^2\times2}-2\sqrt{3}+\sqrt{5^2\times2}$ ← $\sqrt{a^2b}=a\sqrt{b}$

$=\boxed{5}\sqrt{3}+\boxed{2\sqrt{2}}-2\sqrt{3}+5\boxed{\sqrt{2}}$ ← 根号の中の数が同じものどうしを集める

$=\boxed{5}\sqrt{3}-2\sqrt{3}+\boxed{2}\sqrt{2}+5\boxed{\sqrt{2}}$

$=\boxed{3\sqrt{3}+7\sqrt{2}}$

例題2 $3\sqrt{5}+\dfrac{10}{\sqrt{5}}$ を計算しなさい。

〈解答〉 $3\sqrt{5}+\dfrac{10}{\sqrt{5}}$

$=3\sqrt{5}+\dfrac{10\sqrt{5}}{\boxed{5}}$ ← 分母と分子に同じ数をかけて, 分母を有理化する。

$=3\sqrt{5}+\boxed{2\sqrt{5}}$

$=\boxed{5\sqrt{5}}$

❸ 根号をふくむ式のいろいろな計算 教 p.60～p.61

分配法則や乗法公式を使う計算

計算しているなかで，同じ数の平方根をかけ合わせることで，根号がなくなるときがあるよ。

例 $\sqrt{3}(\sqrt{2}+3)$
$=\sqrt{3}\times\sqrt{2}+\sqrt{3}\times3$
$=\sqrt{6}+3\sqrt{3}$

$$\overset{\frown}{\sqrt{3}(\sqrt{2}}+3)$$

例 $(\sqrt{3}+1)(\sqrt{3}-5)$
$=(\sqrt{3})^2+(1-5)\sqrt{3}-1\times5$
$=3-4\sqrt{3}-5$
$=-2-4\sqrt{3}$

$$(x+a)(x+b)$$
$$=x^2+(a+b)x+ab$$

重要 例題

例題1 $2\sqrt{3}(\sqrt{6}+5)$ を計算しなさい。

〈解答〉 $2\sqrt{3}(\sqrt{6}+5)=2\sqrt{3}\times\boxed{\sqrt{6}}+2\sqrt{3}\times\boxed{5}$
$\qquad=2\times\sqrt{3}\times(\sqrt{3}\times\sqrt{2})+2\times\boxed{5}\times\sqrt{3}$
$\qquad=2\times\boxed{3}\times\sqrt{2}+\boxed{10}\sqrt{3}$
$\qquad=\boxed{6\sqrt{2}+10\sqrt{3}}$

例題2 $(2\sqrt{2}+1)^2$ を計算しなさい。

〈解答〉 $(2\sqrt{2}+1)^2=(2\sqrt{2})^2+2\times\boxed{1}\times\boxed{2\sqrt{2}}+\boxed{1}^2$
$\qquad=4\times\boxed{2}+\boxed{4}\sqrt{2}+\boxed{1}$
$\qquad=\boxed{9+4\sqrt{2}}$

例題3 $x=\sqrt{3}+\sqrt{2}$，$y=\sqrt{3}-\sqrt{2}$ のとき，x^2-y^2 の値を求めなさい。

〈解答〉 x^2-y^2 を因数分解してから，x，y の値を代入すると
$\qquad x^2-y^2=(x+y)(\boxed{x-y})$
$\qquad\quad=(\sqrt{3}+\sqrt{2}+\sqrt{3}-\sqrt{2})(\boxed{\sqrt{3}+\sqrt{2}-\sqrt{3}+\sqrt{2}})$
$\qquad\quad=2\sqrt{3}\times\boxed{2\sqrt{2}}$
$\qquad\quad=\boxed{4\sqrt{6}}$

要点

発展 $\dfrac{1}{\sqrt{\triangle}+\sqrt{\bigcirc}}$ の形の式の分母を有理化するには,

分母と分子に $\sqrt{\triangle}-\sqrt{\bigcirc}$ をかければよい。

乗法公式 4
$(x+a)(x-a)$
$=x^2-a^2$
を利用するよ。

例 $\dfrac{1}{\sqrt{5}+\sqrt{3}}=\dfrac{1\times(\boxed{(\sqrt{5}-\sqrt{3})})}{(\sqrt{5}+\sqrt{3})\boxed{(\sqrt{5}-\sqrt{3})}}$ ← 分母と分子に同じ式をかける。

$=\dfrac{\sqrt{5}-\sqrt{3}}{(\sqrt{5})^2-(\sqrt{3})^2}$

$=\dfrac{\sqrt{5}-\sqrt{3}}{5-3}$

$=\dfrac{\sqrt{5}-\sqrt{3}}{2}$

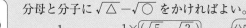 重要 例題

例題 1 $\dfrac{1}{\sqrt{3}-\sqrt{2}}$ の分母を有理化しなさい。

〈解答〉 $\dfrac{1}{\sqrt{3}-\sqrt{2}}=\dfrac{1\times(\boxed{\sqrt{3}+\sqrt{2}})}{(\sqrt{3}-\sqrt{2})(\boxed{\sqrt{3}+\sqrt{2}})}$ ← 分母と分子に $\sqrt{3}+\sqrt{2}$ をかける。

$=\dfrac{\boxed{\sqrt{3}+\sqrt{2}}}{(\sqrt{3})^2-(\boxed{\sqrt{2}})^2}$

$=\dfrac{\sqrt{3}+\sqrt{2}}{3-\boxed{2}}$

$=\boxed{\sqrt{3}+\sqrt{2}}$

例題 2 $\dfrac{4}{\sqrt{3}+1}$ の分母を有理化しなさい。

〈解答〉 $\dfrac{4}{\sqrt{3}+1}=\dfrac{4\times(\boxed{\sqrt{3}-1})}{(\sqrt{3}+1)(\boxed{\sqrt{3}-1})}$ ← 分母と分子に $\sqrt{3}-1$ をかける。

$=\dfrac{4\sqrt{3}-4}{(\boxed{\sqrt{3}})^2-1^2}$

$=\dfrac{4\sqrt{3}-4}{\boxed{2}}$

$=\boxed{2\sqrt{3}-2}$

3 節 平方根の利用

要点 : 平方根の利用 教 p.63〜p.65

身のまわりにある平方根

例 正方形の1辺の長さと対角線の長さの比は $1:\sqrt{2}$ になる。

右の図で，正方形ABCDの
面積 $4\ \mathrm{cm}^2$，正方形EFGH
の面積はこの半分だから，
$2\ \mathrm{cm}^2$ である。

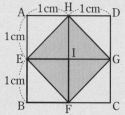

正方形の各辺の中点を結んでできる正方形は，もとの正方形の面積の半分になるね。

EFは正方形EFGHの1辺
なので，$\mathrm{EF}^2=2$

$\mathrm{EF}>0$ だから，$\mathrm{EF}=\sqrt{2}\ \mathrm{cm}$

正方形EBFIにおいて，1辺の長さと対角線の長さの比は $1:\sqrt{2}$ になっている。

重要 例題

例題1 B5判の紙ABCDを下のように折ると，CD′とCEはぴったり重なる。
このことから，B5判の紙の横と縦，つまり，BCとCDの比を求めなさい。

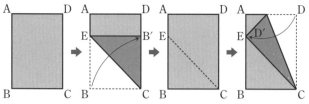

〈解答〉 ① 辺BCが辺DC上にくるように折ると，四角形 $\boxed{\mathrm{EBCB}'}$ は
正方形となるので，$\mathrm{BC}:\mathrm{CE}=1:\boxed{\sqrt{2}}$

② 点Cを通る直線を折り目として，点Dが辺AB上にくるように折
ると，点D(D′)は点Eとぴったり重なるので，$\mathrm{CD}=\boxed{\mathrm{CE}}$

③ ①，②より，$\mathrm{BC}:\mathrm{CD}=\boxed{1}:\boxed{\sqrt{2}}$

□ a, b が正の数のとき, $\sqrt{a} \times \sqrt{b} =$ ☐ ┊ $\sqrt{ab}$

□ a, b が正の数のとき, $\dfrac{\sqrt{a}}{\sqrt{b}} =$ ☐ ┊ $\sqrt{\dfrac{a}{b}}$

□ $a\sqrt{b} = \sqrt{\boxed{}}$ ┊ a^2b

□ $\sqrt{a^2b} = \boxed{}\sqrt{b}$ ┊ a

□ $\sqrt{3} \times \sqrt{2}$ を計算しなさい。 ┊ $\sqrt{6}$

□ $\sqrt{15} \div \sqrt{5}$ を計算しなさい。 ┊ $\sqrt{3}$

□ $2\sqrt{7} = \sqrt{\boxed{}}$ ┊ 28

□ $\sqrt{18} = \boxed{}\sqrt{2}$ ┊ 3

□ $2\sqrt{3} \times 4\sqrt{2}$ を計算しなさい。 ┊ $8\sqrt{6}$

□ 根号の中の数が100倍になると, その数の平方根は ┊ 10
　　☐ 倍になる。

□ 根号の中の数が $\dfrac{1}{100}$ になると, その数の平方根は ┊ $\dfrac{1}{10}$

　　☐ になる。

□ $\sqrt{2} = 1.414$ とすると, $\sqrt{0.02}$ はいくつになるか。 ┊ 0.1414

□ $\dfrac{\sqrt{7}}{2\sqrt{3}}$ の分母を有理化するには, 分母と分子に ☐ を ┊ $\sqrt{3}$

　　かける。

□ $\dfrac{1}{\sqrt{6}+\sqrt{2}}$ の分母を有理化するには, 分母と分子に ┊ $\sqrt{6}-\sqrt{2}$

　　☐ をかける。

□ $5\sqrt{2} + 3\sqrt{2}$ を計算しなさい。 ┊ $8\sqrt{2}$

□ $7\sqrt{3} - \sqrt{3}$ を計算しなさい。 ┊ $6\sqrt{3}$

□ $\sqrt{18} + \sqrt{8}$ を計算しなさい。 ┊ $5\sqrt{2}$

□ $\sqrt{3}(\sqrt{6}+2)$ を計算しなさい。 ┊ $3\sqrt{2}+2\sqrt{3}$

〔根号のついた数の変形〕

1 次の数を $\sqrt{a}$ の形に表しなさい。

(1) $2\sqrt{3}$
　　　($\sqrt{12}$)

(2) $5\sqrt{6}$
　　　($\sqrt{150}$)

(3) $2\sqrt{6}$
　　　($\sqrt{24}$)

2 次の数を $a\sqrt{b}$ の形に表しなさい。

(1) $\sqrt{8}$
　　　($2\sqrt{2}$)

(2) $\sqrt{20}$
　　　($2\sqrt{5}$)

(3) $\sqrt{125}$
　　　($5\sqrt{5}$)

〔分母の有理化〕

3 次の数の分母を有理化しなさい。

(1) $\dfrac{2}{\sqrt{3}} = \dfrac{2\times\sqrt{3}}{\sqrt{3}\times\sqrt{3}}$
　　　($\dfrac{2\sqrt{3}}{3}$)

(2) $\dfrac{\sqrt{3}}{\sqrt{7}} = \dfrac{\sqrt{3}\times\sqrt{7}}{\sqrt{7}\times\sqrt{7}}$
　　　($\dfrac{\sqrt{21}}{7}$)

(3) $\dfrac{5}{3\sqrt{2}} = \dfrac{5\times\sqrt{2}}{3\sqrt{2}\times\sqrt{2}}$
　　　($\dfrac{5\sqrt{2}}{6}$)

〔根号をふくむ式の乗除・加減・いろいろな計算〕

4 次の計算をしなさい。

(1) $\sqrt{20}\times\sqrt{5} = 2\sqrt{5}\times\sqrt{5}$
　　　(10)

(2) $\sqrt{21}\times\sqrt{7} = \sqrt{3\times7\times7}$
　　　($7\sqrt{3}$)

(3) $3\sqrt{6}+2\sqrt{6} = (3+2)\sqrt{6}$
　　　($5\sqrt{6}$)

(4) $9\sqrt{3}-3\sqrt{3} = (9-3)\sqrt{3}$
　　　($6\sqrt{3}$)

(5) $5\sqrt{5}-\sqrt{3}-2\sqrt{5}+2\sqrt{3}$
　　$= 5\sqrt{5}-2\sqrt{5}-\sqrt{3}+2\sqrt{3}$
　　　($3\sqrt{5}+\sqrt{3}$)

(6) $\sqrt{63}-\sqrt{28}$
　　$= 3\sqrt{7}-2\sqrt{7} = (3-2)\sqrt{7}$
　　　($\sqrt{7}$)

(7) $\sqrt{3}(\sqrt{6}-1)$
　　$= \sqrt{3}\times\sqrt{6}-\sqrt{3}\times1$
　　$= \sqrt{18}-\sqrt{3}$
　　　($3\sqrt{2}-\sqrt{3}$)

(8) $(\sqrt{7}+\sqrt{5})(\sqrt{7}-\sqrt{5})$
　　$= (\sqrt{7})^2 - (\sqrt{5})^2$
　　$= 7-5$
　　　(2)

1 次の数の平方根を求めなさい。

(1) 15 　　　　　　　(2) 144 　　　　　　　(3) $\dfrac{16}{49}$

　　　（　$\pm\sqrt{15}$　）　　　　（　± 12　）　　　　（　$\pm\dfrac{4}{7}$　）

2 次の数を根号を使わずに表しなさい。

(1) $-\sqrt{1}$ 　　　　　(2) $\sqrt{100}$ 　　　　　(3) $\sqrt{(-5)^2}$

　　（　-1　）　　　　　（　10　）　　　　　（　5　）

(4) $\sqrt{15^2}$ 　　　　　(5) $-\sqrt{(-8)^2}$ 　　　　(6) $-\sqrt{400}$

　　　（　15　）　　　　　（　-8　）　　　　（　-20　）

3 次の数を求めなさい。

(1) $(\sqrt{11})^2$ 　　　　(2) $(-\sqrt{5})^2$ 　　　　(3) $-(\sqrt{64})^2$

　　　（　11　）　　　　　（　5　）　　　　（　-64　）

4 次の各組の数の大小を，不等号を使って表しなさい。

(1) -12, $-\sqrt{150}$ 　　　　　　　(2) 3, 4, $\sqrt{10}$

　　$12^2=144$, $(\sqrt{150})^2=150$ 　　　　　$3^2=9$, $4^2=16$, $(\sqrt{10})^2=10$

　　　（　$-\sqrt{150}<-12$　）　　　　（　$3<\sqrt{10}<4$　）

5 $3<\sqrt{a}<4$ にあてはまる正の整数 a をすべて求めなさい。

$3^2<(\sqrt{a})^2<4^2$ より，$9<a<16$

　　　　　　　　　　　（　10, 11, 12, 13, 14, 15　）

6 $-\sqrt{2}$, $-\sqrt{1}$, 0, $\sqrt{1}$, $\sqrt{2}$, $\sqrt{3}$, $\sqrt{4}$ のうち，無理数であるものをすべて答えなさい。　　　　（　$-\sqrt{2}$, $\sqrt{2}$, $\sqrt{3}$　）

7 次の問に答えなさい。

(1) $5\sqrt{3}$ を $\sqrt{a}$ の形に表しなさい。

$5\sqrt{3}=\sqrt{5^2\times3}=\sqrt{25\times3}$

($\sqrt{75}$)

(2) $\sqrt{63}$ を $a\sqrt{b}$ の形に表しなさい。

$\sqrt{63}=\sqrt{3^2\times7}$

($3\sqrt{7}$)

8 次の計算をしなさい。

(1) $\sqrt{6}\times\sqrt{7}=\sqrt{6\times7}$

($\sqrt{42}$)

(2) $\sqrt{10}\times\sqrt{40}=\sqrt{2\times5\times2^3\times5}$

(20)

(3) $\sqrt{45}\div\sqrt{5}$

$=\sqrt{\dfrac{45}{5}}=\sqrt{9}$ (3)

(4) $5\sqrt{2}-7\sqrt{2}+\sqrt{2}$

($-\sqrt{2}$)

(5) $\sqrt{48}-\sqrt{3}-\sqrt{12}$

$=4\sqrt{3}-\sqrt{3}-2\sqrt{3}$

($\sqrt{3}$)

(6) $\sqrt{75}-\sqrt{5}-\sqrt{27}$

$=5\sqrt{3}-\sqrt{5}-3\sqrt{3}$

($2\sqrt{3}-\sqrt{5}$)

(7) $\sqrt{2}(\sqrt{18}-\sqrt{6})$

$=\sqrt{2}\times3\sqrt{2}-\sqrt{2}\times\sqrt{2\times3}$

($6-2\sqrt{3}$)

(8) $(3+\sqrt{6})(3-\sqrt{6})$

$=3^2-(\sqrt{6})^2=9-6$

(3)

9 次の数の分母を有理化しなさい。

(1) $\dfrac{10}{\sqrt{5}}=\dfrac{10\times\sqrt{5}}{\sqrt{5}\times\sqrt{5}}=\dfrac{10\sqrt{5}}{5}$

($2\sqrt{5}$)

(2) $\dfrac{2}{3\sqrt{3}}=\dfrac{2\times\sqrt{3}}{3\sqrt{3}\times\sqrt{3}}$

($\dfrac{2\sqrt{3}}{9}$)

✏️ **この考え方も 身につけよう**

$\sqrt{a}$ の小数部分の求め方

例 $\sqrt{5}$ の小数部分を求めなさい。

$2^2=4,\ 3^2=9$ で，$4<5<9$ だから，$2<\sqrt{5}<3$

これより，$\sqrt{5}$ の整数部分は 2

$\sqrt{5}=2+$（小数部分）だから，小数部分は $\sqrt{5}-2$

> $\sqrt{5}=2.236\cdots$ と小数部分が無限に続くから，とても暗記はできないね。

1節 **2次方程式とその解き方**

要点 ● 2次方程式とその解 教 p.72〜p.73

2次方程式……右のように移項し、
整理することによって（2次式）＝0
の形に変形できる方程式のこと。

$x^2-2x=0$,
$x^2-2=0$
なども2次方程式だよ。

$$x^2-20=x$$
$$\downarrow$$
$$x^2-x-20=0$$

方程式の解……2次方程式を成り立たせる文字の値。
また、解をすべて求めることを、その2次方程式
を**解く**という。

注 方程式 $x^2-2x=x^2+1$ は、両辺に x^2 の項があるが、移項して整理
すると、$2x+1=0$ となり、1次方程式になる。

 例題

例題1 次の方程式のうち、2次方程式であるものをすべて答えなさい。

⑦ $x^2-2x+4=0$ ⑦ $x^2-3x=0$

⑦ $x^2+6x=x^2-12$ ㋑ $x^2-9=0$

㋐ $5x+7=x+3$

〈解答〉 ⑦の方程式は、移項して整理すると、$\boxed{6x+12=0}$ となり、左
辺は $\boxed{1次式}$ となるので、2次方程式ではない。㋐の方程式には
$\boxed{x^2}$ の項がないので、2次方程式ではない。

（ ⑦, ⑦, ㋑ ）

例題2 -3, -2, -1, 0, 1 のうち、$x^2+2x-3=0$ の解になっているも
のを、すべて答えなさい。

〈解答〉 $(-3)^2+2\times(-3)-3=\boxed{0}$, $(-2)^2+2\times(-2)-3=\boxed{-3}$
$(-1)^2+2\times(-1)-3=\boxed{-4}$, $0^2+2\times0-3=\boxed{-3}$
$1^2+2\times1-3=\boxed{0}$

（ -3, 1 ）

❷ 平方根の考えを使った解き方　教 p.74〜p.77

$ax^2+c=0$ の形をした 2 次方程式

例 $4x^2-24=0$ の解き方

6 の平方根を求めることは，2 次方程式 $x^2=6$ を解くことと同じだね。

$$4x^2=24$$
$$x^2=6$$
$$x=\pm\sqrt{6}$$

$$x^2=\blacksquare$$
$$\downarrow$$
$$x=\pm\sqrt{\blacksquare}$$

$(x+\blacktriangle)^2=\bullet$ の形をした 2 次方程式

例 $(x-2)^2=3$ の解き方

$$x-2=\pm\sqrt{3}$$
$$x=2\pm\sqrt{3}$$

$$(x-2)^2=\blacksquare$$
$$\downarrow$$
$$x-2=\pm\sqrt{\blacksquare}$$

★ $x=2\pm\sqrt{3}$ は，$x=2+\sqrt{3}$ と $x=2-\sqrt{3}$ をまとめて示している。

重要 例題

例題 1 $7x^2-28=0$ を解きなさい。

〈解答〉　$7x^2=\boxed{28}$

$\quad\quad\quad x^2=\boxed{4}$

$\quad\quad\quad x=\pm\boxed{2}$

$\boxed{\text{4 の平方根は}\pm2}$

例題 2 $(x+3)^2=25$ を解きなさい。

〈解答〉　$x+3=\pm\boxed{5}$

$\quad$ すなわち，$x+3=\boxed{5}$，$x+3=\boxed{-5}$

$\quad$ したがって，$x=2$，$x=\boxed{-8}$

$$(x+3)^2=25$$
$$Ⓐ^2=25$$
$$Ⓐ=\pm5$$
$$(x+3)=\pm5$$

例題 3 $(x-4)^2-7=0$ を解きなさい。

〈解答〉　$(x-4)^2=\boxed{7}$

$\quad\quad\quad x-4=\pm\boxed{\sqrt{7}}$

$\quad\quad\quad x=\boxed{4\pm\sqrt{7}}$

$$x-4=\sqrt{7}\quad\Rightarrow\quad x=4+\sqrt{7}$$
$$x-4=-\sqrt{7}\quad\Rightarrow\quad x=4-\sqrt{7}$$

要点

$x^2+px+q=0$ の形をした2次方程式

例 $x^2+8x-1=0$ の解き方

平方根の考えが使えるように，$(x+▲)^2=●$ の形に変形するよ。

$$x^2+8x=1$$
$$x^2+8x+\boxed{16}=1+\boxed{16}$$ ← 左辺を平方の形にするために，両辺に16を加える
$$(x+4)^2=17$$
$$x+4=\pm\sqrt{17}$$
$$x=-4\pm\sqrt{17}$$

$$x^2+2ax+a^2=(x+a)^2$$

例 $x^2+3x-2=0$ の解き方

$$x^2+3x=2$$
$$x^2+3x+\left(\frac{3}{2}\right)^2=2+\left(\frac{3}{2}\right)^2$$ ← x の係数3の $\frac{1}{2}$ の2乗を両辺に加える
$$\left(x+\frac{3}{2}\right)^2=\frac{17}{4}$$
$$x+\frac{3}{2}=\pm\frac{\sqrt{17}}{2} \quad \text{したがって，} \quad x=\frac{-3\pm\sqrt{17}}{2}$$

x^2+px という式を $(x+▲)^2$ のような形にするには，$\left(\frac{p}{2}\right)^2$ を加えればいいよ。

注 2次方程式の解はふつう2つあるが，$x^2-10x+25=0$ のように解が1つになるものや，$x^2+1=0$ のように解をもたないものもある。

 重要例題

例題1 $x^2+4x-3=0$ を解きなさい。

〈解答〉
$$x^2+4x=\boxed{3}$$
$$x^2+4x+\boxed{4}=\boxed{3}+4$$
$$(\boxed{x+2})^2=7$$
$$x+2=\pm\boxed{\sqrt{7}}$$
$$x=\boxed{-2}\pm\sqrt{7}$$

例題2 $x^2-5x-2=0$ を解きなさい。

〈解答〉
$$x^2-5x=\boxed{2}$$
$$x^2-5x+\left(\boxed{\frac{5}{2}}\right)^2=2+\left(\boxed{\frac{5}{2}}\right)^2$$
$$\left(\boxed{x-\frac{5}{2}}\right)^2=\frac{33}{4}$$
$$x-\boxed{\frac{5}{2}}=\pm\frac{\sqrt{33}}{2}$$
$$x=\boxed{\frac{5\pm\sqrt{33}}{2}}$$

❸ 2次方程式の解の公式　教 p.78〜p.80

2次方程式 $ax^2+bx+c=0$ の解は

$$x=\frac{-b\pm\sqrt{b^2-4ac}}{2a}$$

x^2の係数が1でないとき，$(x+▲)^2=●$ の形に変形するのはむずかしいね。

この式を2次方程式の**解の公式**といい，a，b，c の値がわかれば，解の公式にそれぞれの値を代入して，解を求めることができる。

例　2次方程式 $x^2+5x-2=0$ では，x^2 の係数を1とみて，$a=1$，$b=5$，$c=-2$ を解の公式に代入して，解を求めればよい。

重要！ 例題

例題1 $3x^2+5x-1=0$ を解きなさい。

〈解答〉　解の公式に，

$a=\boxed{3}$，$b=\boxed{5}$，$c=\boxed{-1}$ を代入すると

$$x=\frac{-\boxed{5}\pm\sqrt{\boxed{5}^2-4\times\boxed{3}\times(\boxed{-1})}}{2\times\boxed{3}}$$

$$=\frac{-5\pm\sqrt{25+\boxed{12}}}{6}$$

$$=\frac{-5\pm\sqrt{\boxed{37}}}{6}$$

$$x=\frac{-b\pm\sqrt{b^2-4ac}}{2a}$$

例題2 $3x^2-2x-3=0$ を解きなさい。

〈解答〉　解の公式に，

$a=\boxed{3}$，$b=\boxed{-2}$，$c=\boxed{-3}$ を代入すると

$$x=\frac{-(\boxed{-2})\pm\sqrt{(\boxed{-2})^2-4\times\boxed{3}\times(\boxed{-3})}}{2\times\boxed{3}}$$

$$=\frac{2\pm\sqrt{\boxed{4}+36}}{6}$$

$$=\frac{2\pm\sqrt{\boxed{40}}}{6}=\frac{2\pm\boxed{2}\sqrt{10}}{6}=\frac{\boxed{1\pm\sqrt{10}}}{3}$$

$\sqrt{40}=2\sqrt{10}$

$\dfrac{\overset{1}{2}\pm\overset{1}{2}\sqrt{10}}{\underset{3}{6}}$

2次方程式 $ax^2+bx+c=0$ の解の公式

$$x=\frac{-b\pm\sqrt{b^2-4ac}}{2a}$$ において,

解が有理数になるのは, b^2-4ac の値が自然数の

2乗の形になるときである。

解の公式の根号の中の値が $\sqrt{\bullet^2}$ となるとき, 根号を使わずに表すことができるよ。

 例題 ━━━━━━━━━━━━━━━━━━━━━━━━━━━●

例題1 $3x^2+5x-2=0$ を解きなさい。

〈解答〉　解の公式に, $a=\boxed{3}$, $b=\boxed{5}$, $c=\boxed{-2}$ を代入すると

$$x=\frac{-\boxed{5}\pm\sqrt{\boxed{5}^2-4\times\boxed{3}\times(\boxed{-2})}}{2\times\boxed{3}}$$

$$=\frac{-5\pm\sqrt{25+\boxed{24}}}{6}$$

$$=\frac{-5\pm\boxed{7}}{6}$$

$$x=\boxed{\frac{1}{3}}, \quad x=\boxed{-2}$$

例題2 $2x^2-5x+2=0$ の解が有理数になることを確かめなさい。

〈解答〉　$a=\boxed{2}$, $b=\boxed{-5}$, $c=\boxed{2}$ より,

$$b^2-4ac=(\boxed{-5})^2-4\times2\times2=\boxed{9}$$

　b^2-4ac の値が自然数の2乗の形になるので, 方程式の解は有理数になる。

　実際に方程式の解を求めると

$$x=\frac{-(\boxed{-5})\pm\sqrt{\boxed{9}}}{2\times\boxed{2}}=\frac{5\pm\boxed{3}}{4}$$

$x=2$, $x=\boxed{\frac{1}{2}}$ となり, 確かに解は有理数である。

要点 ❹ **因数分解を使った解き方** 教 p.81～p.82

因数分解による解き方

2次方程式 $ax^2+bx+c=0$ の左辺が因数分解できるとき，次のことを利用して，2次方程式を解くことができる。

> 2つの数を A, B とするとき
> $AB=0$ ならば $A=0$ または $B=0$

右の式に
$x=-3$, $x=2$
を代入して，
式が成り立つか
確かめてみよう。

例 $(x+3)(x-2)=0$ の解き方

$$\underline{(x+3)}\underline{(x-2)}=0$$
$$\ \ A\ \ \times\ \ B$$
$$\Downarrow$$
$$\underline{x+3=0}\ \ または\ \ \underline{x-2=0}$$
$$\ \ \ A\ \ \ \ \ \ \ \ \ \ \ \ \ \ \ \ \ B$$

したがって，解は $x=-3$, $x=2$

重要 例題 ─────────────────●

例題 1 $(x+1)(x-5)=0$ を解きなさい。

〈解答〉 $\boxed{x+1}=0$ または $x-5=0$

したがって，$x=\boxed{-1}$, $x=5$

例題 2 $x^2-5x-6=0$ を解きなさい。

〈解答〉 左辺を因数分解すると

$\qquad (x+1)(\boxed{x-6})=0$

$\qquad x+1=0$ または $\boxed{x-6}=0$

したがって，$x=-1$, $x=\boxed{6}$

> $x^2+(\boxed{-5})x+(\boxed{-6})$
> $x^2+(\boxed{a+b})x+\boxed{ab}$
> $=(x+a)(x+b)$

例題 3 $x^2-18x+81=0$ を解きなさい。

〈解答〉 左辺を因数分解すると

$\qquad (\boxed{x-9})^2=0 \qquad x-9=\boxed{0}$

したがって，$x=\boxed{9}$

> $x^2-\boxed{18}x+\boxed{81}$
> $x^2-\boxed{2a}x+\boxed{a^2}=(x-a)^2$

❺いろいろな2次方程式 教 p.83〜p.84

2次方程式 $ax^2+bx+c=0$ の解き方のまとめ

① $(x+▲)^2=●$ の形に変形して解く方法 ⇒本書p.36

② 解の公式を使って解く方法 ⇒本書p.38

③ 左辺を因数分解して解く方法 ⇒本書p.40

★2次方程式の解き方には①〜③のような方法があるが，どの方法で解いても解は同じになる。

 例題

例題1 $(x+2)(x-3)=6$ を解きなさい。

〈**解答**〉　左辺を展開すると，$\boxed{x^2-x-6}=6$

6を移項すると，$\boxed{x^2-x-12}=0$　←右辺を0にする

左辺を因数分解すると

$(x+3)(\boxed{x-4})=0$

$x+3=0$　または　$\boxed{x-4}=0$

したがって，$x=-3,\ x=\boxed{4}$

例題2 $(x+3)^2-16=0$ を解きなさい。

〈**解答**〉　　$(x+3)^2=\boxed{16}$

$x+3=\boxed{\pm4}$

$x=\boxed{-3\pm4}$

$x=-3+\boxed{4},\ x=\boxed{-3}-4$

$x=\boxed{1},\ x=\boxed{-7}$

例題3 $2x^2-5x+1=0$ を解きなさい。

〈**解答**〉　解の公式に，$a=\boxed{2}$，$b=\boxed{-5}$，$c=\boxed{1}$ を代入すると

$x=\dfrac{-(\boxed{-5})\pm\sqrt{(\boxed{-5})^2-4\times\boxed{2}\times\boxed{1}}}{2\times\boxed{2}}$

$=\dfrac{5\pm\sqrt{25-\boxed{8}}}{4}=\dfrac{5\pm\sqrt{\boxed{17}}}{4}$

用語・公式 check!

☐ 移項して整理することによって（2次式）＝0 の形に変形できる方程式を何というか。	2次方程式
☐ 2次方程式を成り立たせる文字の値を，その方程式の何というか。	解
☐ 次の方程式のうち，2次方程式でないものはどれか。 　㋐　$x^2-4x+4=0$　　㋑　$x^2-16=0$ 　㋒　$x^2+7x=x^2-1$　　㋓　$x^2-2x=3$	㋒
☐ ある2次方程式の解が $x=3+\sqrt{5}$，$x=3-\sqrt{5}$ であることをまとめて表すと，どのようになるか。	$x=3\pm\sqrt{5}$
☐ $(x+3)^2=6$ は，$x+3$ が6の平方根であることを示しているから，$x+3=\boxed{}$ とすることができる。	$\pm\sqrt{6}$
☐ $x^2+px=q$ という形の式を $(x+▲)^2=●$ の形に変形するには，両辺に $\boxed{}$ を加えればよい。	$\left(\dfrac{p}{2}\right)^2$（または$\dfrac{p^2}{4}$）
☐ $x^2+12x=-7$ を $(x+▲)^2=●$ の形に変形するには，両辺に $\boxed{}$ を加えればよい。	6^2（または36）
☐ 2次方程式 $ax^2+bx+c=0$ の解は，解の公式を使って求めると，$x=\boxed{}$ である。	$\dfrac{-b\pm\sqrt{b^2-4ac}}{2a}$
☐ 2次方程式 $4x^2-3x-1=0$ を解の公式を使って解くとき，a，b，c に代入する値をそれぞれ答えなさい。	$a=4$，$b=-3$，$c=-1$
☐ 解の公式において，b^2-4ac の値が自然数の2乗の形になるとき，解はどんな数になるか。	有理数
☐ $(x-2)(x+5)=0$ のとき， 　$x-2=\boxed{①}$ または $x+5=\boxed{②}$ である。	①0　②0
☐ 2次方程式 $x^2+px+q=0$ の解が a，b のとき，この方程式の左辺を因数分解した式はどんな式か。	$(x-a)(x-b)$

42

〔2次方程式〕

1 次の2次方次程式のうち，2が解であるものをすべて選びなさい。

  ㋐ $x^2=2$ 　　　　　　　　　　㋑ $(x+1)(x-2)=0$

  ㋒ $x^2+2x-8=0$ 　　　　　　㋓ $x(x-2)=6$

（　㋑，㋒　）

〔平方根の考えを使った解き方〕

2 次の方程式を解きなさい。

(1) $x^2=100$ 　　　　(2) $2x^2=4$ 　　　　(3) $(x-4)^2=25$

　　　　　　　　　　　　　　$x^2=2$ 　　　　　　　　　　$x-4=\pm5$

（　$x=\pm10$　）　　（　$x=\pm\sqrt{2}$　）　（　$x=9,\ x=-1$　）

〔解の公式を使った解き方〕

3 次の方程式を，解の公式を使って解きなさい。

(1) $x^2+5x+2=0$

$$x=\dfrac{-\boxed{5}\pm\sqrt{\boxed{5}^2-4\times\boxed{1}\times\boxed{2}}}{2\times\boxed{1}}$$

$$=\dfrac{-\boxed{5}\pm\sqrt{25-\boxed{8}}}{2}$$

$$=\dfrac{-\boxed{5}\pm\sqrt{\boxed{17}}}{2}$$

（　$x=\dfrac{-5\pm\sqrt{17}}{2}$　）

(2) $3x^2-4x+1=0$

$$x=\dfrac{-(\boxed{-4})\pm\sqrt{(-4)^2-4\times\boxed{3}\times\boxed{1}}}{2\times\boxed{3}}$$

$$=\dfrac{\boxed{4}\pm\sqrt{16-\boxed{12}}}{\boxed{6}}$$

$$=\dfrac{\boxed{4}\pm\sqrt{\boxed{4}}}{6}=\dfrac{2\pm\boxed{1}}{3}$$

（　$x=1,\ x=\dfrac{1}{3}$　）

〔因数分解を使った解き方〕

4 次の方程式を，因数分解を利用して解きなさい。

(1) 　　$x^2+10x+21=0$

　　$(x+3)(x+\boxed{7})=0$

（　$x=-3,\ x=-7$　）

(2) 　　$x^2-9x=0$

　　$x(x-\boxed{9})=0$

（　$x=0,\ x=9$　）

43

2節 2次方程式の利用

2次方程式を使う文章題の解き方

2次方程式の解
は2つある場合
が多いので，注
意しよう。

1 何を文字で表すかを決める。

2 数量の間の関係を見つけて，方程式をつくる。

3 つくった方程式を解く。

4 方程式の解が問題に適しているか確かめる。

注 文章題では，方程式の解がそのまま答になるとはかぎらない。

例題

例題1 横が縦より7cm長い長方形の紙がある。
この紙の4すみから1辺が5cmの正方形を切
り取り，直方体の容器を作ったら，容積が600cm³
になった。紙の縦の長さを求めなさい。

〈解答〉 紙の縦の長さを$x$cmとすると，横の長さは($\boxed{x+7}$)cm,
容器の高さは$\boxed{5}$cm，容積は600cm³であるから，

$$5(\boxed{x-10})(x-3)=600$$
$$x^2-13x-90=0$$
$$(x-18)(x+5)=0$$

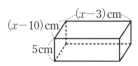

したがって，$x=\boxed{18}$，$x=-5$

1辺が5cmの正方形を切り取ったので，$x>10$でなければならない
から，$x=\boxed{-5}$は問題に適していない。$x=\boxed{18}$は問題に適している。

(**18cm**)

注 問題に適してない解があるときは，その理由も解答のなかに書く。

例題2 右の図のような正方形ABCDで, 点Pは A を出発して辺AB上をBまで動く。また, 点Qは, 点PがAを出発するのと同時にDを出発し, Pと 同じ速さで辺DA上をAまで動く。

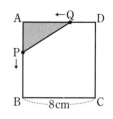

　△APQの面積が5cm²になるのは, 点PがA から何cm動いたときか求めなさい。

〈解答〉　AP=x cmのときに△APQの面積が5cm²になるとすると, そ のときのAQの長さは($\boxed{8-x}$)cmとなる。

　△APQの面積について, 次の方程式が成り立つ。

$$\frac{1}{2}x(\boxed{8-x})=5$$

両辺を$\boxed{2}$倍し, 展開して整理すると

$$x^2-8x+10=\boxed{0}$$

$$x=\frac{-(-8)\pm\sqrt{(\boxed{-8})^2-4\times\boxed{1}\times\boxed{10}}}{2\times\boxed{1}}$$

解の公式に $a=1$, $b=-8$, $c=10$ を代入。

$$=\frac{8\pm\sqrt{\boxed{64}-40}}{2}$$

$$=\frac{8\pm\sqrt{\boxed{24}}}{2}$$

$$=4\pm\sqrt{\boxed{6}}$$

$0\leqq x\leqq\boxed{8}$であるから, これらは問題に適している。

したがって, $x=\boxed{4\pm\sqrt{6}}$

（　$(4+\sqrt{6})$cm, $(4-\sqrt{6})$cm　）

参考　$\sqrt{6}=2.45$として, △APQの面積が5cm²になることを確かめる。

　　$x=4+\sqrt{6}$ のとき, AP=4+2.45=6.45, AQ=$\boxed{1.55}$

　　$x=4-\sqrt{6}$ のとき, AP=4-$\boxed{2.45}$=$\boxed{1.55}$, AQ=6.45

　　よって, △APQ=$\frac{1}{2}\times6.45\times1.55=4.99875$ (cm²)

ほぼ5cm² といえる。

用語・公式 check!

□横が縦より 2 cm 長い長方形があり，縦の長さを x cm とすると，横の長さはどう表されるか。 ┊ $(x+2)$ cm

□縦 x cm，横 $(x+2)$ cm の長方形の面積はどう表されるか。 ┊ $x(x+2)$ cm^2

□縦 x cm，横 $(x+2)$ cm，高さ 3 cm の直方体の体積はどう表されるか。 ┊ $3x(x+2)$ cm^3

□縦 x cm，横 $(x+2)$ cm，高さ 3 cm の直方体の体積が 72 cm^3 であるとき，この関係を方程式に表しなさい。 ┊ $3x(x+2)=72$

□方程式 $x^2+2x-24=0$ の解は $x=4$，$x=-6$ である。この方程式の解が，ある直方体の縦の長さだとすると，解としてふさわしいのはどちらの値か。 ┊ 4

□まわりの長さが 14 cm の長方形の縦の長さを x cm とすると，横の長さはどう表されるか。 ┊ $(7-x)$ cm

□まわりの長さが 14 cm の長方形で，縦の長さを x cm としたとき，この長方形の面積はどう表されるか。 ┊ $x(7-x)$ cm^2

□まわりの長さが 14 cm の長方形で，縦の長さを x cm としたとき，長方形の面積が 10 cm^2 になった。この関係を方程式に表しなさい。 ┊ $x(7-x)=10$

□大小 2 つの数があり，その差は 5 で，積は 10 である。小さいほうの数を x として，この関係を方程式に表しなさい。 ┊ $x(x+5)=10$

□縦 9 m，横 11 m の長方形の土地に，縦，横に同じ x m の幅の道路を作ると，残りの土地の面積は x を使うと，どう表されるか。 ┊ $(9-x)(11-x)$ m^2

11 m

9m

〔2次方程式の利用〕

1 大小2つの正の数があり，その差は4で，積は45である。この2つの数を求めなさい。

〈解答〉 小さいほうの数を x とすると，大きいほうの数は $\boxed{x+4}$ と表されるから

$$x(\boxed{x+4})=45$$
$$x^2+4x-\boxed{45}=0$$
$$(x-\boxed{5})(x+\boxed{9})=0$$

したがって，$x=\boxed{5}$，$x=-9$

$x>0$ でなければならないから，$x=\boxed{-9}$ は問題に適していない。

$x=\boxed{5}$ は問題に適している。$x+4=\boxed{9}$

(**5と9**)

2 右の図のように，正方形の縦を4cm短くし，横を6cm長くして長方形を作ったら，長方形の面積は56cm^{2}になった。もとの正方形の1辺の長さを求めなさい。

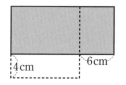

〈解答〉 もとの正方形の1辺の長さを x cmとすると，長方形の縦の長さは（$\boxed{x-4}$）cm，横の長さは（$\boxed{x+6}$）cmと表される。

$$(x-4)(\boxed{x+6})=56$$
$$x^2+2x-\boxed{80}=0$$
$$(x-\boxed{8})(x+\boxed{10})=0$$

したがって，$x=\boxed{8}$，$x=-10$

$x>4$ でなければならないから，$x=\boxed{-10}$ は問題に適していない。$x=\boxed{8}$ は問題に適している。

☞ アドバイス

もとの正方形の縦を4cm短くしても，長方形になるということは，もとの正方形の1辺は4cmより長いはずだと考える。

(**8cm**)

1 次の方程式の解を答えなさい。

(1) $x^2 = 12$

($x = \pm 2\sqrt{3}$)

(2) $(x-4)(x+5) = 0$

($x = 4,\ x = -5$)

2 次の方程式を解きなさい。

(1) $3x^2 = 33$

$x^2 = 11$

($x = \pm\sqrt{11}$)

(2) $25x^2 = 9$

$x^2 = \dfrac{9}{25}$

($x = \pm\dfrac{3}{5}$)

(3) $(x+1)^2 = 5$

$x + 1 = \pm\sqrt{5}$

($x = -1 \pm \sqrt{5}$)

(4) $(x-3)^2 = 36$

$x - 3 = \pm 6$

($x = 9,\ x = -3$)

3 次の方程式を，解の公式を使って解きなさい。

(1) $x^2 + 3x - 3 = 0$

$x = \dfrac{-\boxed{3} \pm \sqrt{3^2 - 4 \times \boxed{1} \times (\boxed{-3})}}{2 \times \boxed{1}}$

$= \dfrac{-\boxed{3} \pm \sqrt{\boxed{21}}}{2}$

($x = \dfrac{-3 \pm \sqrt{21}}{2}$)

(2) $2x^2 - 5x + 2 = 0$

$x = \dfrac{-(\boxed{-5}) \pm \sqrt{(\boxed{-5})^2 - 4 \times 2 \times \boxed{2}}}{2 \times \boxed{2}}$

$= \dfrac{\boxed{5} \pm \sqrt{\boxed{9}}}{4} = \dfrac{\boxed{5} \pm \boxed{3}}{4}$

($x = 2,\ x = \dfrac{1}{2}$)

(3) $4x^2 - 4x + 1 = 0$

$x = \dfrac{-(\boxed{-4}) \pm \sqrt{(\boxed{-4})^2 - 4 \times \boxed{4} \times 1}}{2 \times \boxed{4}}$

$= \dfrac{4 \pm \sqrt{\boxed{0}}}{\boxed{8}} = \dfrac{4 \pm \boxed{0}}{\boxed{8}}$

($x = \dfrac{1}{2}$)

 **4** 次の方程式を，因数分解を利用して解きなさい。

(1) $x^2-7x+6=0$

$(x-1)(x-\boxed{6})=0$

$(\quad x=1,\ x=6\quad)$

(2) $x^2+10x=0$

$\boxed{x}(x+\boxed{10})=0$

$(\quad x=0,\ x=-10\quad)$

(3) $x^2-20x+100=0$

$(x-\boxed{10})^2=0$

$(\qquad x=10\qquad)$

(4) $9x^2+6x+1=0$

$(\boxed{3x}+1)^2=0$

$\left(\qquad x=-\dfrac{1}{3}\qquad\right)$

5 2次方程式 $x^2+ax+b=0$ の解が1と-3のとき，aとbの値をそれぞれ求めなさい。

解が1と-3である2次方程式は $(x-1)(x+3)=0$ と表される。
この式の左辺を展開すると，$x^2+2x-3=0$
与えられた方程式の左辺と見比べると，$a=2,\ b=-3$

$(\quad a=2,\ b=-3\quad)$

6 2次方程式 $x^2+ax+24=0$ の解の1つが3であることがわかっている。
次の問に答えなさい。

(1) 次の □ をうめて，a の値を求めなさい。

$x^2+ax+24=0$ に $x=\boxed{3}$ を代入すると

$\boxed{9}+\boxed{3}a+24=0$

この式を a について解くと，$a=\boxed{-11}$

(2) この方程式のもう1つの解を求めなさい。

$a=-11$ を $x^2+ax+24=0$ に代入すると，$x^2-11x+24=0$
左辺を因数分解して，$(x-3)(x-8)=0$
したがって，$x=3,\ x=8$

$(\qquad x=8\qquad)$

7 ある数 x から3をひいて2乗するところを，x から3をひいて2倍してしまったが，答は同じになった。x の値を求めなさい。

〈解答〉 x を使った2つの計算の答が同じになることから
$$(\boxed{x-3})^2 = 2(\boxed{x-3})$$
$$x^2 - \boxed{6}x + \boxed{9} = 2x - \boxed{6}$$
$$x^2 - \boxed{8}x + \boxed{15} = 0$$
$$(x - \boxed{3})(x - \boxed{5}) = 0$$
したがって $x = \boxed{3}$, $x = \boxed{5}$ ($x=3$, $x=5$)

8 右の図のように，縦が30 m，横が20 mの長方
形の土地に，縦，横に同じ幅の通路をつくり，残
りを畑にする。畑の面積が504 m²になるようにす
るには，通路の幅を何mにすればよいか。

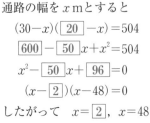

〈解答〉 右の図のように，通路を移動して考える。

通路の幅を x mとすると
$$(30-x)(\boxed{20}-x) = 504$$
$$\boxed{600} - \boxed{50}x + x^2 = 504$$
$$x^2 - \boxed{50}x + \boxed{96} = 0$$
$$(x - \boxed{2})(x - 48) = 0$$
したがって $x = \boxed{2}$, $x = 48$

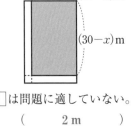

$0 < x < \boxed{20}$ でなければならないから，$x = \boxed{48}$ は問題に適していない。
$x = 2$ は問題に適している。 (2 m)

✏️ **この考え方も** 身につけよう

発展 **2次方程式の解の個数**

解の公式の根号の中の式 $b^2 - 4ac$ について，次のことが成り立つ。

1 $b^2 - 4ac > 0$ ⟺ 2次方程式の解は2つある。

2 $b^2 - 4ac = 0$ ⟺ 2次方程式の解は1つある。

3 $b^2 - 4ac < 0$ ⟺ 解はない。

4章 関数の世界をひろげよう
——関数 $y = ax^2$

1節 関数 $y=ax^2$

要点 ❶関数 $y=ax^2$ 教 p.96～p.98

y が x の関数で，$y=ax^2$ と表されるとき，**y は x の2乗に比例する**という。

式のなかの文字 a は定数であり，**比例定数**という。

> x の値が2倍，3倍，4倍になるとき，y の値が 2^2 倍，3^2 倍，4^2 倍になる関数だよ。

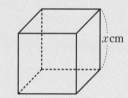

例 右の図のように，立方体の1辺の長さを x cm，表面積を y cm^2 とすると，$y=6x^2$ と表され，y は x の2乗に比例する。

注 関数 $y=ax^2$ では，y は x^2 に比例しても，x には比例しない。このことから，x の値が2倍，3倍，4倍になるとき，y の値が2倍，3倍，4倍となることはない。

重要 例題

例題1 y は x の2乗に比例し，$x=3$ のとき $y=36$ である。

(1) y を x の式で表しなさい。

(2) $x=-2$ のときの y の値を求めなさい。

〈解答〉 (1) y は x の2乗に比例するから，比例定数を a とすると

$y=\boxed{ax^2}$　$x=3$ のとき $y=36$ であるから

$36=\boxed{a}\times 3^2$

$a=\boxed{4}$

したがって　$y=\boxed{4x^2}$　　　　　　　(　$y=4x^2$ 　)

(2) $y=4x^2$ に $x=-2$ を代入して

$y=4\times(\boxed{-2})^2=\boxed{16}$　　　　　　(　16 　)

節 **関数 $y = ax^2$ の性質と調べ方**

 ❶ 関数 $y=ax^2$ のグラフ 📖 p.100～p.106

　　　　　　関数 $y=x^2$ のグラフ

反比例のグラフは曲線だったね。$y=x^2$ のグラフは，それとはまた違う曲線になるよ。

$y=x^2$ をみたす x，y の値の組を座標とする点を多くとっていくと，それらの点の集まりは，右の図のような，なめらかな曲線となる。

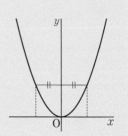

関数 $y=x^2$ のグラフの特徴

・原点を通る。
・y軸について対称である。

★$y=x^2$ のグラフは細かく点をとると，より正確なグラフがかける。

 例題

例題1 $y=x^2$ のグラフをかきなさい。

〈解答〉　$y=x^2$ について，表の空らんにあてはまる数を求めて，x，y の値の組を座標とする点をとり，グラフをかく。

x	-3	-2	-1	0	1	2	3
y	9	4	1	0	1	4	9

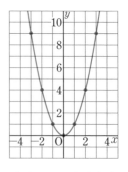

例題2 $y=x^2$ のグラフで，x の変域を制限なくとるとき，y の変域を求めなさい。

〈解答〉　$y=x^2$ のグラフは，x 軸の下側には出ない。また，グラフは原点を通ることから，求める y の変域は　$\boxed{y \geqq 0}$　である。

52

関数 $y=ax^2$ のグラフの特徴

$y=x^2$ のグラフ上の各点について，y 座標を a 倍した点を結ぶと $y=ax^2$ のグラフがかけるよ。

1 原点を通る。

2 y 軸について対称な曲線である。

3 $a>0$ のときは，上に開いた形
$a<0$ のときは，下に開いた形
になる。

4 a の値の絶対値が大きいほど，
グラフの開き方は小さい。

放物線

$y=ax^2$ のグラフは**放物線**とよばれる。
放物線は対称の軸をもち，対称の軸と
放物線の交点を放物線の頂点という。

重要 例題

例題1 $y=-\dfrac{1}{2}x^2$ のグラフをかきなさい。

〈解答〉 $y=-\dfrac{1}{2}x^2$ について，表の空らんにあ

てはまる数を求めて，x，y の値の組を座標

とする点をとり，グラフをかく。

x	-4	-3	-2	-1	0	1	2	3	4
y	-8	$-\dfrac{9}{2}$	-2	$-\dfrac{1}{2}$	0	$-\dfrac{1}{2}$	-2	$-\dfrac{9}{2}$	-8

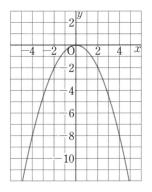

例題2 $y=-\dfrac{1}{2}x^2$ のグラフと x 軸について対

称なグラフの式を答えなさい。

〈解答〉 $y=\boxed{\dfrac{1}{2}x^2}$

❷ 関数 $y=ax^2$ の値の変化 数 p.107〜p.112

$y=ax^2$ で，x の値が増加するときの y の値の変化

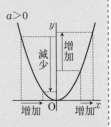

| $a>0$ のとき，x の値が増加すると | $a>0$ |

$y=ax^2$ では，yの値は，$x=0$を境として，$a>0$のとき，減少から増加に$a<0$のとき，増加から減少に変わるよ。

・$x<0$ の範囲では，y の値は減少する。

・$x=0$ のとき，y は最小値 0 をとる。

・$x>0$ の範囲では，y の値は増加する。

| $a<0$ のとき，x の値が増加すると | $a<0$ |

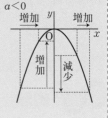

・$x<0$ の範囲では，y の値は増加する。

・$x=0$ のとき，y は最大値 0 をとる。

・$x>0$ の範囲では，y の値は減少する。

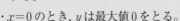

重要 例題

例題1 関数 $y=4x^2$ について，x の変域が $-1\leqq x\leqq 2$ のときの y の変域を求めなさい。

〈解答〉 この関数のグラフで $-1\leqq x\leqq 2$ に対応する部分は，右の図の太い線の部分であるから，

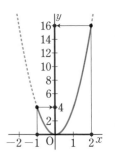

y は

$x=2$ のとき，｜ 最大 ｜値 ｜ 16 ｜

$x=0$ のとき，｜ 最小 ｜値 ｜ 0 ｜

をとることがわかる。

したがって，求める y の変域は ｜$0\leqq y\leqq 16$｜

要点

変化の割合

$$（変化の割合）＝\frac{（y \text{の増加量}）}{（x \text{の増加量}）}$$

> 1次関数
> $y＝ax＋b$ では，変化の割合はつねに a で一定だったけれど，関数 $y＝ax^2$ では，こうはいかないよ。

変化の割合とグラフの関係

例　関数 $y＝\frac{1}{2}x^2$ について，x の値が 2 から 4 まで増加したときの変化の割合は，グラフ上の 2 点 A（2, 2），B（4, 8）を通る直線 AB の傾きを表している。

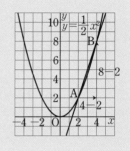

> $y＝2x^2$ で，$x＝-2$ のとき，$y＝8$ だけれど，この値は y の最小値にはなっていないね。

x の変域と y の変域

$y＝ax^2（a>0）$ で x の変域に 0 をふくむとき，y の最小値は 0 になる。

例　$y＝2x^2$ について，x の変域が $-2≦x≦3$ のときの y の変域は $0≦y≦18$

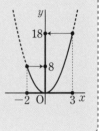

重要 例題

例題1 関数 $y＝2x^2$ について，x の値が 2 から 5 まで増加するときの変化の割合を求めなさい。

〈解答〉　x の値が 2 から 5 まで増加するとき

x の増加量は　$5-2＝\boxed{3}$

y の増加量は　$50-\boxed{8}＝42$

したがって，変化の割合は

$$\frac{（y \text{の増加量}）}{（x \text{の増加量}）}＝\frac{42}{\boxed{3}}＝\boxed{14}$$

		③	
x	… 2 …	5	…
y	… 8 …	50	…

㊷

□一般に，y が x の関数で $y=\boxed{}$ と表されるとき， ax^2
y は x の 2 乗に比例するという。

□関数 $y=x^2$ のグラフは，原点を通り，$\boxed{}$ の上側にある。 x 軸

□関数 $y=x^2$ のグラフは，y 軸について $\boxed{}$ である。 対称

□関数 $y=x^2$ において，x の変域に制限がないとき，y の $y \geqq 0$
変域は $\boxed{}$ と表せる。

□関数 $y=ax^2$ のグラフは，$a>0$ のときは $\boxed{}$ に開いた 上
形になる。

□関数 $y=ax^2$ のグラフは，$a<0$ のときは $\boxed{}$ に開いた 下
形になる。

□関数 $y=2x^2$ のグラフと x 軸について対称なグラフの $y=-2x^2$
式はどんな式か。

□関数 $y=ax^2 \, (a>0)$ で，x の値が増加するとき，$x<0$ ①y の値
の範囲では，$\boxed{①}$ は減少し，$x>0$ の範囲では， ②y の値
$\boxed{②}$ は増加する。

□関数 $y=x^2$ について，x の変域が $-1 \leqq x \leqq 2$ のときの 0
y の変域は，$\boxed{} \leqq y \leqq 4$ である。

□関数 $y=-x^2$ について，x の変域が $-1 \leqq x \leqq 2$ のとき 0
の y の変域は，$-4 \leqq y \leqq \boxed{}$ である。

□関数 $y=2x^2$ について，x の変域が $1 \leqq x \leqq 2$ のときの y 2
の変域は，$\boxed{} \leqq y \leqq 8$ である。

□（変化の割合）$=\boxed{}$ である。 $\dfrac{(y \text{ の増加量})}{(x \text{ の増加量})}$

□関数 $y=3x^2$ について，x の値が 1 から 3 まで増加する 12
ときの変化の割合を求めなさい。

〔関数 $y=ax^2$〕

1 底面の半径が x cm，高さが10 cmの円柱の体積を y cm³ とする。このとき，y を x の式で表しなさい。

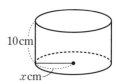

10 cm

x cm

$y=\pi \times x^2 \times 10 = 10\pi x^2$　（　　$y=10\pi x^2$　　）

2 y は x の2乗に比例し，$x=2$ のとき $y=8$ である。

(1) y を x の式で表しなさい。

$8=a \times 2^2 \quad a=2$　　　　　　　　　　（　　$y=2x^2$　　）

(2) $x=-3$ のときの y の値を求めなさい。

$y=2 \times (-3)^2 = 18$　　　　　　　　（　　18　　）

〔関数 $y=ax^2$ のグラフ〕

3 右の図の(1)～(3)は，下の⑦～⑨の関数のグラフを示したものである。(1)～(3)はそれぞれどの関数のグラフか答えなさい。

⑦　$y=-2x^2$

④　$y=-x^2$

⑨　$y=\dfrac{1}{2}x^2$

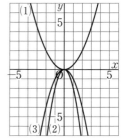

（ (1)　⑨　(2)　⑦　(3)　④ ）

☞ **アドバイス**

グラフのおよその形から，$y=ax^2$ の式を読みとるには

・グラフが上に開いていれば，$a>0$

・グラフが下に開いていれば，$a<0$

・x 軸に対して同じ側に複数のグラフがある場合，グラフの開き方の大きい順が，a の値の絶対値の小さい順になる。

方眼の目盛りを読まなくても，グラフの形から式が選べるよ。

〔関数 $y=ax^2$ の変化の割合〕

4 次の(1), (2)の関数について，x の値が 2 から 4 まで増加するときの変化の割合をそれぞれ求めなさい。

(1) $y=-x^2$

x の増加量は　$4-2=\boxed{2}$

y の増加量は

$(-16)-(\boxed{-4})=\boxed{-12}$

$\dfrac{(\,y\, の増加量)}{(\,x\, の増加量)}=\dfrac{\boxed{-12}}{2}=\boxed{-6}$

（　　　-6　　　）

(2) $y=\dfrac{1}{4}x^2$

x の増加量は　$\boxed{4}-\boxed{2}=2$

y の増加量は　$4-\boxed{1}=\boxed{3}$

$\dfrac{(\,y\, の増加量)}{(\,x\, の増加量)}=\dfrac{\boxed{3}}{2}$

（　　　$\dfrac{3}{2}$　　　）

〔x の変域と y の変域〕

5 関数 $y=3x^2$ について，x の変域が次の(1), (2)のときの y の変域を求めなさい。

(1) $-3\leqq x\leqq -1$

$x=-3$ のとき，最大値 27

$x=-1$ のとき，最小値 3

（　　$3\leqq y\leqq 27$　　）

(2) $-2\leqq x<1$

$x=-2$ のとき，最大値 12

$x=0$ のとき，最小値 0

（　　$0\leqq y\leqq 12$　　）

〔関数 $y=ax+b$ と関数 $y=ax^2$ の比較〕

6 下の㋐〜㋒の関数について，次の(1), (2)の条件にあてはまるものを選び，記号で答えなさい。

㋐ $y=3x^2$　　㋑ $y=-4x+1$　　㋒ $y=-2x^2$

(1) $x>0$ の範囲で，x の値が増加すると，y の値も増加する関数

（　　㋐　　）

(2) 変化の割合が，x の値がどの値からどの値まで増加しても変わらない関数

（　　㋑　　）

3 節　いろいろな関数の利用

❶ 関数 $y = ax^2$ の利用　数 p.117〜p.119

身のまわりにみられる関数 $y = ax^2$

身のまわりにみられる関数 $y = ax^2$ の，代表的な例だよ。

例　高いところから物を落とすとき，落ち始めてから x 秒間に落ちる距離を y m とすると，$y = 4.9x^2$ の関係がある。

例　1往復するのに x 秒かかる振り子の長さを y m とすると，$y = \dfrac{1}{4}x^2$ の関係がある。

例題1 Aさんが自転車に乗って時速15kmで走っていた。自転車がブレーキをかけて，きき始めてから止まるまでを制動距離といい，このときの制動距離は1.8mだった。次の問に答えなさい。

(1)　時速 x km，制動距離 y m として，y を x の式で表しなさい。

(2)　時速20kmで走っているときの制動距離を求めなさい。

〈解答〉　(1)　制動距離は，自転車の速さの2乗に比例するので，$y = ax^2$

$x = \boxed{15}$ のとき $y = \boxed{1.8}$ であるから

$$1.8 = a \times \boxed{15}^2$$

$$a = \frac{1.8}{\boxed{225}} = \frac{1}{\boxed{125}}$$

したがって，$y = \dfrac{1}{\boxed{125}}x^2$　　　　　　　　　$\left(\ y = \dfrac{1}{125}x^2\ \right)$

(2)　$y = \dfrac{1}{125}x^2$ に $x = \boxed{20}$ を代入して

$$y = \frac{1}{125} \times \boxed{20}^2 = \frac{\boxed{400}}{125} = 3.2$$

$(\ \ \mathbf{3.2\,m}\ \ )$

59

身のまわりにあるいろいろな関数

例　A鉄道の乗車距離と運賃の関係を表すと，右の表のようになる。

乗車距離を x km，運賃を y 円とすると，y は x の関数であり，下の図がそのグラフである。

乗車距離	運賃
3 kmまで	120円
6 kmまで	140円
9 kmまで	160円
15 kmまで	180円
21 kmまで	200円

グラフで，端の点をふくむ場合は「•」，ふくまない場合は「○」を使って表すよ。

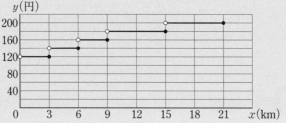

重要 **例題**

例題1 B鉄道の乗車距離を x km，運賃を y 円とすると，y は x の関数であり，グラフに表すと下の図のようになる。

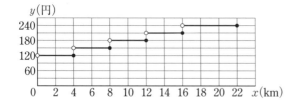

乗車距離	運賃
4 kmまで	120円
8 kmまで	150円
12 kmまで	180円
16 kmまで	210円
22 kmまで	240円

(1)　乗車距離と運賃の関係を右の表に表しなさい。

(2)　乗車距離が9 kmのとき，A鉄道とB鉄道のどちらの運賃が安いか。

〈解答〉 (2)　乗車距離が9 kmのとき，A鉄道の運賃は 160 円，B鉄道の運賃は 180 円である。　　　　　　　　　　　(A鉄道)

□右の図のような，x と y の関係
を表すグラフで，グラフの端の
点を ① 場合は「•」を使っ
て表し，② 場合は「。」を
使って表す。

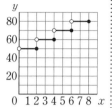

①ふくむ

②ふくまない

□右上のグラフで，$x=3$ のとき $y=\boxed{}$ である。 | 60

□右上のグラフで，$x=5.5$ のとき $y=\boxed{}$ である。 | 70

□右上のグラフで，$x=4$ のとき $y=\boxed{}$ である。 | 60

□右上のグラフで，$x=8$ のとき $y=\boxed{}$ である。 | 80

□1枚の紙を2等分に切り，
切ってできた2枚の紙を重
ねて，また2等分する。
x 回切ったときにできる紙
の枚数を y 枚とするとき，
y の値が125をこえるのは，
$x\geq\boxed{}$ のときである。

□上の x と y の関係を表す
グラフは右の図のようにな
る。これに関数 $y=x^2$ のグ
ラフをかき入れたとき，2
つのグラフが重なる点は，
全部で $\boxed{}$ 個ある。

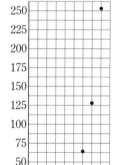

7

2

1 次の(1)~(4)にあてはまる関数を，⑦~㋑のなかからすべて選び，記号で答えなさい。

　⑦　$y=3x^2$　　　　　　④　$y=3x-1$　　　　　⑨　$y=-2x$

　㋑　$y=-\dfrac{1}{2}x^2$　　　㋐　$y=\dfrac{2}{x}$

(1)　グラフが原点を通らない関数　　　　　　　　（　④, ㋐　）

(2)　グラフが y 軸について対称になる関数　　　（　⑦, ㋑　）

(3)　$x>0$ の範囲で，x の値が増加すると，y の値も増加する関数

　　　　　　　　　　　　　　　　　　　　　　　（　⑦, ④　）

(4)　変化の割合が一定でない関数　　　　　　　　（　⑦, ㋑, ㋐　）

2 y は x の2乗に比例し，$x=6$ のとき $y=-12$ である。

(1)　y を x の式で表しなさい。

　　　$-12=a\times 6^2$　　$a=-\dfrac{1}{3}$　　　　　　（　$y=-\dfrac{1}{3}x^2$　）

(2)　$x=-3$ のときの y の値を求めなさい。

　　　$y=-\dfrac{1}{3}\times(-3)^2=-3$　　　　　　　　（　-3　）

で❸3 右の図の(1)~(4)は，下の⑦~㋑の関数のグラフを示したものである。それぞれどの関数のグラフか，記号で答えなさい。

　⑦　$y=x^2$

　④　$y=-x^2$

　⑨　$y=-2x^2$

　㋑　$y=\dfrac{1}{2}x^2$

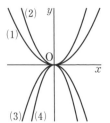

(1)（　㋑　）　(2)（　⑦　）　(3)（　④　）　(4)（　⑨　）

4 次の問に答えなさい。

(1) 関数 $y=-\dfrac{1}{2}x^2$ で，x の値が -4 から 0 まで増加するときの変化の割合を求めなさい。

x の増加量は　$0-(-4)=4$，y の増加量は　$0-(-8)=8$

$\dfrac{(y \text{ の増加量})}{(x \text{ の増加量})}=\dfrac{8}{4}=2$

(　2　)

(2) 関数 $y=ax^2$ で，x の値が 2 から 5 まで増加するときの変化の割合が -14 である。a の値を求めなさい。

x の増加量は　$5-2=3$，y の増加量は　$25a-4a=21a$

$\dfrac{(y \text{ の増加量})}{(x \text{ の増加量})}=\dfrac{21a}{3}=7a$　$7a=-14$ より，$a=-2$

(　$a=-2$　)

5 次の関数について，x の変域が $-3 \leqq x \leqq 2$ のときの y の変域を求めなさい。

(1) $y=-x+5$

$x=-3$ のとき，最大値 8

$x=2$ のとき，最小値 3

(　$3 \leqq y \leqq 8$　)

(2) $y=2x^2$

$x=-3$ のとき，最大値 18

$x=0$ のとき，最小値 0

(　$0 \leqq y \leqq 18$　)

6 関数 $y=ax^2$ について，次のそれぞれの場合の a の値を求めなさい。

(1) x の変域が $-2 \leqq x \leqq 4$ のとき，y の変域が $0 \leqq y \leqq 8$ である。

$x=4$ のとき，最大値 8 をとるから，

$8=a \times 4^2$　$a=\dfrac{1}{2}$

(　$a=\dfrac{1}{2}$　)

(2) グラフ上の 2 点 A，B の x 座標はそれぞれ -3，6 で，直線 AB の傾きは 1 である。

(直線 AB の傾き)$=\dfrac{36a-9a}{6-(-3)}=3a$

$3a=1$ より，$a=\dfrac{1}{3}$

(　$a=\dfrac{1}{3}$　)

7 $y=\dfrac{1}{3}x^2$ のグラフ上に，x 座標がそれぞれ

-6，3 となる点A，Bをとり，A，Bを通る

直線と y 軸との交点をCとする。

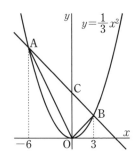

(1) 直線ABの式を求めなさい。

A$(-6,\ 12)$，B$(3,\ 3)$ より，

（直線ABの傾き）$=\dfrac{3-12}{3-(-6)}=-1$

直線ABの式は $y=-x+b$ と表せるから

$12=-(-6)+b$　$b=6$　（ $y=-x+6$ ）

(2) 点Cの y 座標を答えなさい。

直線ABの切片に等しい。（　　6　　）

(3) △OABの面積を，△OACと△OBCに

分けて求めなさい。

$△OAC=\dfrac{1}{2}\times6\times6=18$

$△OBC=\dfrac{1}{2}\times6\times3=9$

$18+9=27$　　　　　　（　　27　　）

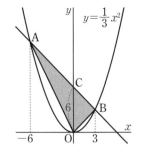

✏️ **この考え方も　身につけよう**

　7 の(3)では，△OABを 2 つの三角形に分けて，面積を求めたが，2 つの三角形に分けない考え方もある。

　右の図のように，A，Bをそれぞれ y 軸と平行に x 軸上まで移動し，A′，B′ とすると，△CA′B′＝△OABであり，

$$△CA'B'=\dfrac{1}{2}\times(6+3)\times6=27$$

と求められる。

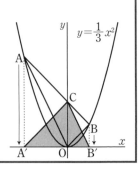

5章 形に着目して図形の性質を調べよう ──相似な図形

1 節 相似な図形

要点

❶ 相似な図形 **教** p.130~p.134

相似……1つの図形を，形を変えずに一定の割合に拡大，または縮小して得られる図形は，もとの図形と**相似**であるという。四角形ABCDと四角形A′B′C′D′が相似であることを，記号∽を使って，

四角形ABCD∽四角形A′B′C′D′ と表す。

相似な図形の性質……相似な図形では，対応する部分の長さの比はすべて等しく，対応する角の大きさはそれぞれ等しい。

相似比……相似な図形で，対応する部分の長さの比を**相似比**という。

例 下の△ABCと△A′B′C′の相似比は1：2である。

OA＝AA′
だから，
OA′＝2OA
となるよ。

相似の位置……右の図の
△ABCと△A′B′C′の
ように，2つの図形の
対応する点どうしを通
る直線がすべて1点O

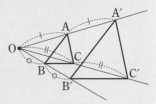

に集まり，Oから対応する点までの距離の比がすべて等しいとき，それらの図形は，Oを**相似の中心**として**相似の位置**にあるという。

注 多角形の相似を，記号∽を使って表すときは，対応する頂点の名まえを周にそって同じ順に書く。

絶対暗記 $a：c＝b：d$ ならば $a：b＝c：d$

例題1 右の図で，2つの四角形は相似である。次の問に答えなさい。

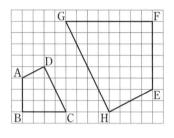

(1) 辺ABに対応する辺をいいなさい。

(2) ∠Bと大きさの等しい角をいいなさい。

(3) 2つの四角形が相似であることを，記号∽を使って表しなさい。

〈**解答**〉 (1) 辺ABに対応する辺は辺 **EF** である。

(2) ∠Bに対応する角は∠ **F** なので，∠Bと大きさの等しい角は ∠ **F** である。

(3) 四角形ABCDと四角形EFGHが相似であることを，記号∽を使って，四角形ABCD **∽** 四角形EFGHと表される。

例題2 右の図において

四角形ABCD∽四角形EFGH

であるとき，次の問に答えなさい。

(1) 四角形ABCDと四角形EFGHの相似比を求めなさい。

(2) 辺AB，EHの長さをそれぞれ求めなさい。

(3) ∠Gの大きさを求めなさい。

〈**解答**〉 (1) 辺CDに対応する辺は辺 **GH** なので，相似比は

$$15 : \boxed{9} = 5 : \boxed{3}$$

(2) AB : $\boxed{\text{EF}}$ =5：3となり，AB=$x$cmとすると

$$x : \boxed{6} = 5 : 3, \quad \boxed{3} \, x = \boxed{30}, \quad x = \boxed{10}, \quad \text{AB} = \boxed{10} \text{cm}$$

AD : $\boxed{\text{EH}}$ =5：3となり，EH=$y$cmとすると

$$16 : \boxed{y} = 5 : 3, \quad \boxed{5} \, y = \boxed{48}, \quad y = \boxed{9.6}, \quad \text{EH} = \boxed{9.6} \text{cm}$$

(3) ∠Gに対応する角は∠ **C** なので，∠G=∠C= $\boxed{102}$ °

❷三角形の相似条件　教 p.135〜p.138

三角形の相似条件

2つの三角形は，次のどれかが成り立つとき相似である。

1. 3組の辺の比がすべて等しい。

$$a : a' = b : b' = c : c'$$

2. 2組の辺の比とその間の角がそれぞれ等しい。

$$\begin{cases} a : a' = c : c' \\ \angle B = \angle B' \end{cases}$$

相似条件③は，辺の比を考えなくてもいいんだね。

3. 2組の角がそれぞれ等しい。

$$\begin{cases} \angle B = \angle B' \\ \angle C = \angle C' \end{cases}$$

重要 例題

例題1 右の図のなかから，相似な三角形の組を選び出し，そのときに使った相似条件を答えなさい。

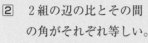

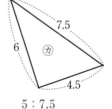

〈解答〉　⑦と ⑦

… 2組の辺の比とその間の角がそれぞれ等しい。

⑦と ⑦ … 3組の辺の比がすべて等しい。

⑦と ⑦ … 2組の角がそれぞれ等しい。

$$5 : 7.5$$
$$= 4 : 6$$
$$= 3 : 4.5$$

例題2 下のそれぞれの図で，相似な三角形を記号∽を使って表しなさい。また，そのときに使った相似条件を答えなさい。

(1)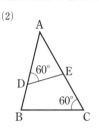

(2)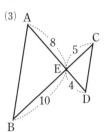

(3)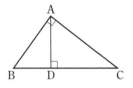

〈解答〉 (1) ∠Aは 共通 ，∠ABC＝∠ ADE ＝45°より，

△ABC∽△ ADE

相似条件は 2組の角がそれぞれ等しい。

(2) ∠Aは 共通 ，∠ACB＝∠ ADE ＝60°より，

△ABC∽△ AED

相似条件は 2組の角がそれぞれ等しい。

(3) AE：DE＝8： 4 ，BE：CE＝10： 5 なので，

AE：DE＝BE：CE＝2： 1

また，∠AEB＝∠ DEC （対頂角）

よって，△AEB∽△ DEC

相似条件は 2組の辺の比とその間の角がそれぞれ等しい。

例題3 ∠A＝90°である直角三角形ABCで，点Aから辺BCに垂線ADをひく。このとき，△ABC∽△DACであることを証明しなさい。

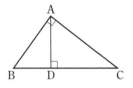

〈解答〉 △ABCと△DACにおいて

仮定から ∠BAC＝∠ ADC ＝90°……①

また ∠Cは 共通 ……②

①，②より， 2組の角がそれぞれ等しい から

△ABC∽△DAC

❸ 相似の利用 　教 p.139～p.141

縮図の利用

直接には測定できない２地点間の距離や建物の高さ
などは，縮図をかいて求めることができる。

例　池をはさむ２地点A，B間の
　　距離を求めるために，A，Bを
　　見通せる地点Cを決め，CA，
　　CBの距離と∠ACBの大きさを

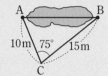

はかったら，右の図のようになった。A，B間の距
離を求めなさい。

考え方　縮尺を決めて，△ABCの縮図△A′B′C′をかく。
次に，辺A′B′の長さをはかり，縮尺からABの長さ
を計算して求めればよい。

測定値の表し方
誤差……近似値から真の値をひいた差を**誤差**という。

　　　（誤差）＝（近似値）－（真の値）

0.1cm未満を四捨五入して得られた測定値4.6cmの
真の値 a は $4.55 \leqq a < 4.65$ の範囲にある。したがって，
誤差の絶対値はどんなに大きくても0.05である。

有効数字……近似値を表す数字のうち，信頼できる数
字を**有効数字**という。

十の位未満を四捨五入して得られた測定値230gの
百の位，十の位の２，３は測定された意味のある数
字として信頼できるが，一の位の０は，たんに位取り
を示しているだけである。この230gをどこまでが
有効数字かはっきりさせて表すと 2.3×10^2 gとなる。

（整数部分が１けたの数）×（10の累乗）

 例題

例題1 前ページの例において，縮尺を $\dfrac{1}{500}$ として△ABCの縮図△A′B′C′をかくと，右の図のようになった。この縮図を利用して，A，B間の距離を求めなさい。

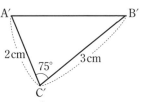

〈解答〉 C′A′＝1000×$\dfrac{1}{500}$＝2（cm），C′B′＝1500×$\dfrac{1}{500}$＝3（cm）となっているから，A′B′の長さを $\boxed{500}$ 倍すれば，ABの長さになる。

△A′B′C′で，辺A′B′の長さをはかると，約 $\boxed{3.2}$ cmである。

したがって

AB＝$\boxed{3.2}$×500＝$\boxed{1600}$（cm）

より，A，B間の距離は，約 $\boxed{16}$ mである。

例題2 上の**例題1**で得た測定値（辺A′B′の長さ）の真の値 a の範囲を，不等号を使って表しなさい。

〈解答〉 この測定値（辺A′B′の長さ）は約 $\boxed{3.2}$ cmで，0.1cm未満を $\boxed{四捨五入}$ して得られた値とみることができるので

真の値 a の範囲は $\boxed{3.15 \leqq a < 3.25}$ となる。

したがって，誤差の絶対値はどんなに大きくても $\boxed{0.05}$ である。

例題3 あるトンネルの長さの測定値は6340mだった。この測定値の有効数字が6，3，4のとき，この測定値を，（整数部分が1けたの数）×（10の累乗）の形に表しなさい。

〈解答〉 整数部分が1けたの数で表すと，$\boxed{6.34}$ ×1000

（整数部分が1けたの数）×（10の累乗）の形に表すと，

$\boxed{6.34}$ × $\boxed{10^3}$ mとなる。

□ 1つの図形を，形を変えずに一定の割合に拡大，または縮小して得られる図形は，もとの図形と◻︎であるという。 : 相似

□ △ABCと△A′B′C′が相似であることを記号を使うとどのように表されるか。 : △ABC ∽△A′B′C′

□ 相似な図形では，対応する部分の長さの比は◻︎。 : すべて等しい

□ 相似な図形では，対応する角の大ささは◻︎。 : それぞれ等しい

□ 相似な図形で対応する部分の長さの比を何というか。 : 相似比

□ 2つの図形の対応する点どうしを通る直線がすべて1点Oに集まり，Oから対応する点までの距離の比がすべて等しいとき，それらの図形は，Oを相似の ① として相似の ② にあるという。 : ①中心 ②位置

□ 2つの相似な円において，相似比は何に等しいか。 : 半径の比

□ 2つの相似な図形の相似比が1：1のとき，その2つの図形はどんな関係にあるといえるか。 : 合同である

□ $a：b=m：n$ ならば $an=$◻︎ : bm

□ $a：c=b：d$ ならば $a：b=$◻︎ : $c：d$

□ 3組の◻︎がすべて等しい2つの三角形は相似である。 : 辺の比

□ 2組の◻︎とその間の角がそれぞれ等しい2つの三角形は相似である。 : 辺の比

□ 2組の◻︎がそれぞれ等しい2つの三角形は相似である。 : 角

□ 4cmの長さが，実際の2kmの距離を表している地図がある。この地図の縮尺はいくらか。 : $\dfrac{1}{50000}$

□ 近似値から真の値をひいた差を◻︎という。 : 誤差

□ 近似値を表す数字のうち，測定された意味のある数字として信頼できる数字を◻︎という。 : 有効数字

71

〔相似比〕

1 右の図で, △ABC∽△DEFである

とき, 辺EFの長さを求めなさい。

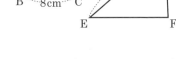

辺ABに対応する辺は辺DEなので, 相

似比は　10：15＝2：3

相似な図形の対応する辺の比は等しい

から　AB：DE＝BC：EF

EF＝$x$cm とすると　2：3＝8：x, $2x=24$, $x=12$ （　　12cm　　）

〔三角形の相似条件〕

2 下の図で, 相似な三角形の組を選び, 記号∽を使って表しなさい。

また, そのときに使った相似条件をいいなさい。

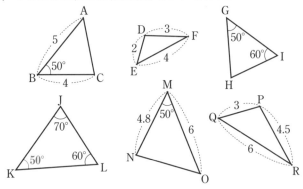

△ABC∽△OMN, 2組の辺の比とその間の角がそれぞれ等しい。

△DEF∽△PQR, 3組の辺の比がすべて等しい。

△GHI∽△KJL, 2組の角がそれぞれ等しい。

〔有効数字〕

3 ある面積の測定値387.20km^2 の有効数字が3, 8, 7, 2のとき, この

測定値を, (整数部分が1けたの数)×(10の累乗)の形に表しなさい。

（　$3.872×10^2$ km^2　）

要点 **❶ 三角形と比** 教 p.144〜p.148

定理 △ABCの辺AB，AC上の点を

それぞれD，Eとするとき

三角形と比の定理

DE∥BC ならば

① AD：AB＝AE：AC

＝DE：BC

② AD：DB＝AE：EC

三角形と比の定理の逆

① AD：AB＝AE：AC ならば DE∥BC

② AD：DB＝AE：EC ならば DE∥BC

DE∥BCならば，
△ABC∽△ADE
がいえるね。

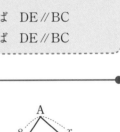

重要 **例題**

例題1 右の図で，DE∥BCとするとき，x，

yの値を求めなさい。

〈解答〉 DE∥BCだから 8：$\boxed{4}$ ＝x：5

これを解くと x＝$\boxed{10}$

また，8：$\boxed{12}$ ＝y：18　y＝$\boxed{12}$

例題2 右の図で，線分DE，EF，FDのうち，

△ABCの辺に平行なものを答えなさい。

また，そのわけもいいなさい。

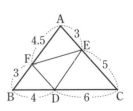

〈解答〉 AE：EC＝3：5

BF：FA＝3：4.5＝$\boxed{2}$ ：3

BD：DC＝4：6＝$\boxed{2}$ ：3

BF：FA＝BD：$\boxed{DC}$ が成り立つから，FD∥AC

よって，求める線分は $\boxed{FD}$

要点

中点連結定理

三角形と比の定理を使って証明できるよ。

定理 △ABCの2辺AB, ACの中点をそれぞれM, Nとすると, 次の関係が成り立つ。

$$MN /\!/ BC, \quad MN = \frac{1}{2}BC$$

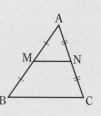

重要 例題

例題1 △ABCの辺BC, CA, ABの中点をそれぞれD, E, Fとするとき, △DEFの周の長さを求めなさい。

〈解答〉 中点連結定理より

$$DE = \frac{1}{2}BA = \boxed{4} \text{ (cm)}$$

$$EF = \frac{1}{2}CB = \boxed{5} \text{ (cm)}, \quad FD = \frac{1}{2}AC = \boxed{6} \text{ (cm)}$$

よって, △DEFの周の長さは, $DE + EF + FD = \boxed{15}$ (cm)

例題2 右の図は, AB=CDの四角形ABCDである。対角線BD, 辺BC, ADの中点をそれぞれE, F, Gとするとき, △EFGは二等辺三角形となることを証明しなさい。

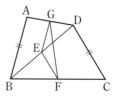

〈解答〉 △DABにおいて, 点 $\boxed{G}$ は辺ADの中点であり, 点 $\boxed{E}$ は対角線BDの中点であるから $EG = \frac{1}{2}\boxed{BA}$

△BCDにおいても同様にして $EF = \frac{1}{2}\boxed{DC}$

AB=CDであるから, △EFGはEG= $\boxed{EF}$ の二等辺三角形である。

❷ 平行線と比 　教 p.151〜p.153

AB : AC =
A′B′ : A′C′
もいえるよ。

平行線と比

定理 平行な3つの直線 a, b, c が直線 ℓ とそれぞれA, B, Cで交わり, 直線 m とそれぞれA′, B′, C′ で交われば

AB : BC = A′B′ : B′C′

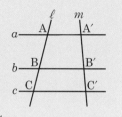

★平行線と比の定理は, 右の図のような交わる 2直線についても成り立つ。すなわち, 平行な 3つの直線 a, b, c について,

AB : BC = A′B′ : B′C′

重要 例題 ————————————

例題1 下の図で, ℓ, m, n が平行であるとき, x の値を求めなさい。

(1)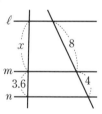

(2)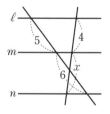

〈解答〉 (1) 　ℓ, m, n が平行だから

$x : 3.6 = \boxed{8 : 4}$, 　$4x = \boxed{28.8}$

$x = \boxed{7.2}$

(2) 　ℓ, m, n が平行だから

$5 : 6 = \boxed{4 : x}$, 　$5x = \boxed{24}$

$x = \boxed{4.8}$

要点

平行線と比の性質の利用

平行線と比の性質を利用すると，線分ABを，次のように3等分する点S，Tを求めることができる。

3つの三角形 △APS, △AQT, △ARBは相似になるね。

① 点Aから半直線AXをひく。

② AX上に，点Aから順に，等間隔にP, Q, Rをとり，点RとBを結ぶ。

③ 点P，QからRBに平行な直線をひき，ABとの交点をそれぞれS，Tとする。

重要 例題

例題1 上の方法で，S，Tが線分ABを3等分する点であるわけを説明しなさい。

〈解答〉 PS，QT，RBは平行であるから，平行線と比の定理より，ASとSTと TB の比は，APとPQと QR の比に等しい。

AP＝PQ＝ QR だから，AS＝ST＝ TB

したがって，S，Tは線分ABを3等分する点である。

例題2 △ABCの∠Aの二等分線と辺BCとの交点をDとすると，AB：AC＝BD：DCとなることを証明しなさい。

〈解答〉 点Cを通り，ADに平行な直線をひき，BAの延長との交点をEとする。

AD∥ECより　BA：AE＝BD：DC

また　∠BAD＝∠ BEC （同位角）

∠CAD＝∠ ACE （錯角）

よって，△ACEはAC＝ AE の二等辺三角形となる。したがって，AB：AC＝AB：AE＝BD：DC

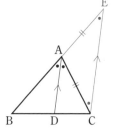

76

□右の図で，DE∥BCならば，

    AD：AB＝AE：①

           ＝DE：②

である。

また，AD：DB＝AE：③

である。

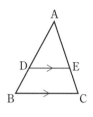

①AC ②BC

③EC

□右の図で，AD：AB＝AE：AC

ならば，DE∥①である。

また，AD：DB＝AE：ECならば

DE∥②である。

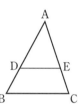

①BC ②BC

□△ABCの2辺AB，ACの中点をそれぞれM，Nとすると，MN∥BC，MN＝$\frac{1}{2}$BC が成り立つ。この定理を何というか。

中点連結定理

□△ABCの2辺AB，ACの中点をそれぞれD，Eとする。BC＝16cmのとき，DE＝①cmである。また，DE②BCである。

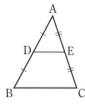

①8 ②∥

□右の図で，ℓ，m，n が平行であるとき，

    AB：BC＝①

である。

また，AB＝2，A′B′＝3，B′C′＝6とするとき，

BC＝②である。

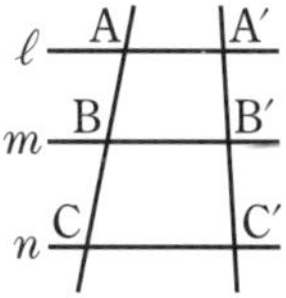

①A′B′：B′C′

②4

77

節末 練 習 ・ 問 題　　教 p.154

〔三角形と比の定理〕

1 下の図で，DE∥BCであるとき，x，yの値を求めなさい。

(1)

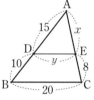

$15:10=x:8$ より　$x=12$

$15:(10+15)=y:20$ より　$y=12$

（　　$x=12$，$y=12$　　）

(2)

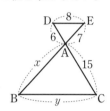

$6:15=7:x$ より　$x=17.5$

$6:15=8:y$ より　$y=20$

（　　$x=17.5$，$y=20$　　）

〔中点連結定理〕

2 右の図で，EはBDの中点である。また，Pは辺 AB上の点で，PEの延長とCDとの交点をQとする。 AD∥BCであるとき，x，yの値を求めなさい。

AP：PB＝DE：EB より，AD∥PE なので

AD∥PQ∥BC　$8:8=6:x$ より　$x=6$

△BDAにおいて，BE：ED＝1：1より，中点連結定理から

$PE=\dfrac{1}{2}\times 12=6$，△DBCにおいて，同様に　$EQ=\dfrac{1}{2}\times 24=12$

よって，$y=6+12=18$　　　　　　　　　　（　　$x=6$，$y=18$　　）

〔平行線と比〕

3 下の図で，ℓ，m，n が平行であるとき，x の値を求めなさい。

(1)

$4:6$
$=5:x$
より $x=7.5$

(2)

$9:x$
$=8:12$
より $x=13.5$

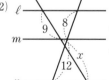

78　　　　　　　　　　　　　　（　$x=7.5$　）　　　　　　　　　　（　$x=13.5$　）

節 **相似な図形の面積と体積**

相似な図形の面積比

右の図で，
△ABC∽
△A′B′C′で，

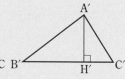

その相似比が

$2:3$ のとき，BC$= 2a$，AH$= 2h$とすると，

△ABCの面積は　$\dfrac{1}{2} \times 2a \times 2h = \dfrac{1}{2} \times \underline{2}^2 \times ah$

△A′B′C′の面積は　$\dfrac{1}{2} \times 3a \times 3h = \dfrac{1}{2} \times \underline{3}^2 \times ah$

相似比が $m:n$ ならば，周の長さの比も $m:n$ となるよ。

△ABCと△A′B′C′の面積比は $2^2:3^2$ となり，
相似比の2乗に等しい。

一般に，相似な2つの多角形で，その相似比が
$m:n$ であるとき，面積比は $m^2:n^2$ となる。

相似な平面図形の周と面積

相似な平面図形では，周の長さの比は相似比に等し
く，面積比は相似比の2乗に等しい。

 相似比が $m:n$ ならば面積比は $m^2:n^2$

重要 例題

例題1 △ABC∽△A′B′C′で，その相似比は4:5である。△ABCの面
積が48cm²のとき，△A′B′C′の面積を求めなさい。

〈解答〉　△ABCと△A′B′C′の面積比は　$4^2:\boxed{5}\,^2=16:\boxed{25}$

△A′B′C′の面積をScm²とすると　$16:\boxed{25}=48:S$

これを解くと　$S=\boxed{75}$　よって　△A′B′C′$=\boxed{75}$ cm²

例題2 右の2つの円で，周の長さの比を求めなさい。また，面積比を求めなさい。

〈解答〉　2つの円の周の長さは，それぞれ，

$2\pi \times 4 = \boxed{8\pi}$ (cm)

$2\pi \times 3 = \boxed{6\pi}$ (cm)

だから，周の長さの比は，$\boxed{8\pi} : 6\pi = \boxed{4} : 3$

2つの円の面積比は $\boxed{\text{相似比}}$ の2乗に等しいから，

$\boxed{4}^2 : 3^2 = \boxed{16} : 9$

※相似比は半径の比に等しいので，半径の比を周の長さの比として答えてもよい。

例題3 相似な2つの図形P，Qがあり，その相似比は3：5である。

(1) 周の長さの比を求めなさい。

(2) Pの面積が45cm²のとき，Qの面積を求めなさい。

〈解答〉 (1) 周の長さの比は，$\boxed{\text{相似比}}$ に等しく，$\boxed{3} : 5$

(2) 面積の比は相似比の2乗に等しいから，$\boxed{3}^2 : 5^2 = \boxed{9} : 25$

Qの面積を Scm² とすると $\boxed{9} : 25 = 45 : S$ これを解くと $S = \boxed{125}$

よって，Qの面積は $\boxed{125}$ cm²

例題4 右の図で，点D，Eはそれぞれ辺AB，ACの中点である。次の問に答えなさい。

(1) △ADEと△ABCの相似比と面積比を求めなさい。

(2) △ADEの面積が6cm²のとき，四角形DBCEの面積を求めなさい。

〈解答〉 (1) 相似比は　AD：AB$= \boxed{1} : 2$

面積比は　$\boxed{1}^2 : 2^2 = \boxed{1} : 4$

(2) △ABCの面積を Scm² とすると

$\boxed{1} : 4 = 6 : S$　よって　$S = \boxed{24}$

したがって，四角形DBCEの面積は $\boxed{24} - 6 = \boxed{18}$ (cm²)

❷ 相似な立体の表面積の比や体積比 教 p.159〜 p.161

相似な立体の表面積の比や体積比

一般に，相似な立体では，表面積の比は相似比の2乗に等しく，体積比は相似比の3乗に等しい。

相似比が$m:n$ならば，表面積の比は$m^2:n^2$で，体積比は$m^3:n^3$となるよ。

右の図で，立方体PとQは相似で，その相似比が3:4のとき，Pの表面積は，$3×3×6=54 (cm^2)$，Qの表面積は，$4×4×6=96 (cm^2)$だから，表面積の比は，$54:96=9:16=3^2:4^2$となり，相似比の2乗に等しい。また，Pの体積は，$3×3×3=27 (cm^3)$，Qの体積は，$4×4×4=64 (cm^3)$だから，体積比は，$27:64=3^3:4^3$となり，相似比の3乗に等しい。

立方体P　　　　立方体Q

3cm　　　4cm

重要 例題

例題1 右の図において，円柱PとQは相似で，その相似比は5:4である。

(1) P，Qの表面積をそれぞれ求めなさい。また，PとQの表面積の比を求めなさい。

(2) P，Qの体積をそれぞれ求めなさい。また，PとQの体積比を求めなさい。

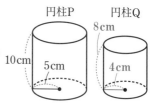

円柱P　　円柱Q
8cm
10cm　5cm　4cm

〈解答〉 (1) Pの表面積は　$10×2π×5+π×5^2×2=150π (cm^2)$

Qの表面積は　$8×2π×\boxed{4}+π×\boxed{4}^2×2=\boxed{96π} (cm^2)$

PとQの表面積の比は，$150π:\boxed{96π}=25:\boxed{16}$

(2) Pの体積は　$π×5^2×10=250π (cm^3)$

Qの体積は　$π×\boxed{4}^2×\boxed{8}=\boxed{128π} (cm^3)$

PとQの体積比は　$250π:\boxed{128π}=125:\boxed{64}$

例題2 相似な2つの三角柱P，Qがあり，その相似比は2：3である。

(1) Qの表面積が54cm²のとき，Pの表面積を求めなさい。

(2) Pの体積が64cm³のとき，Qの体積を求めなさい。

〈解答〉 (1) PとQの相似比が2：3なので，表面積の比は

$$\boxed{2}\,^2 : 3^2 = \boxed{4} : 9$$

Pの表面積をScm²とすると　$\boxed{4} : 9 = S : 54$

これを解くと　$S = \boxed{24}$　よって，Pの表面積は$\boxed{24}$cm²

(2) PとQの体積比　$\boxed{2}\,^3 : 3^3 = \boxed{8} : 27$

Qの体積をVcm³とすると　$\boxed{8} : 27 = 64 : V$

これを解くと　$V = \boxed{216}$　よって　Qの体積は$\boxed{216}$cm³

例題3 右のようなグラスの上の部分は，円錐（えんすい）の形をした容器とみなすことができる。いま，この容器に，3cmの深さまで水が入っている。

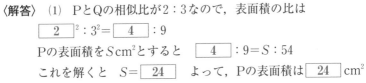

(1) 容器の容積を求めなさい。

(2) 水が入っている部分と容器は相似である。その相似比を求めなさい。

(3) 容器に入っている水の体積を求めなさい。

(4) この容器の中にあと28πcm³水を加えたときの，水の深さを求めなさい。

〈解答〉 (1) $\dfrac{1}{3}\pi \times \boxed{6}\,^2 \times 9 = \boxed{108\pi}$（cm³）

(2) 相似比は，水が入っている部分と容器の$\boxed{\text{深さ}}$の比に等しく

$$\boxed{3} : 9 = \boxed{1} : 3$$

(3) 水が入っている部分と容器の体積比は　$\boxed{1}\,^3 : 3^3 = \boxed{1} : 27$

よって，容器の水の量は　$\boxed{108\pi} \times \dfrac{1}{27} = \boxed{4\pi}$（cm³）

(4) 容器の中の水の量は　$\boxed{4\pi} + 28\pi = \boxed{32\pi}$（cm³）

水が入っている部分と容器の体積比は

$$\boxed{32\pi} : 108\pi = 8 : 27 = 2^3 : \boxed{3}\,^3$$

相似比は2：$\boxed{3}$だから，水の深さは　$9 \times \dfrac{\boxed{2}}{3} = 6$（cm）

□相似な2つの三角形で，その相似比が$m:n$であると　　$m^2:n^2$
き，面積比はいくらになるか。

□△ABC∽△A′B′C′で，その相似比が5:3のとき，　　$25:9$
△ABCと△A′B′C′の面積比はいくらか。

□一般に，相似な2つの多角形で，その相似比が$m:n$　　$m^2:n^2$
であるとき，面積比はいくらになるか。

□すべての円は□□になっている。　　　　　　　　　　相似

□一般に，相似な平面図形では，周の長さの比は①□　　①相似比
に等しく，面積比は②□に等しい。　　　　　　　　②相似比の2乗

□相似な2つの平面図形P，Qがあり，その相似比が　　$3:2$
3:2のとき，周の長さの比はいくらか。

□一般に，相似な立体の対応する部分の長さの比は①□　①一定
であり，この比を②□という。　　　　　　　　　　②相似比

□一般に，相似な立体では，表面積の比は相似比の①□　①2乗
に等しく，体積比は相似比の②□に等しい。　　　　②3乗

□一般に，2つの相似な立体で，その相似比が$m:n$で　　$m^2:n^2$
あるとき，表面積の比はいくらか。また，体積比はい　$m^3:n^3$
くらか。

□すべての球は□□になっている。　　　　　　　　　相似

□相似な2つの立体P，Qがあり，その相似比が3:2の　　$9:4$
とき，表面積の比はいくらか。また，体積比はいくら　$27:8$
か。

□相似な2つの立体P，Qがあり，その相似比が4:3で　　$18\,cm^2$
ある。Pの表面積が$32\,cm^2$のとき，Qの表面積はいく　$54\,cm^3$
らか。また，Pの体積が$128\,cm^3$のとき，Qの体積はい
くらか。

83

〔相似な平面図形の周と面積〕

1　△ABC∽△A′B′C′で，AB＝6cm，A′B′＝8cmである。

(1)　△ABCと△A′B′C′の相似比を求めなさい。

△ABCと△A′B′C′の相似比は　6：8＝3：4

$$(\qquad 3：4 \qquad)$$

(2)　△ABCと△A′B′C′の周の長さの比と面積比を求めなさい。

△ABCと△A′B′C′の周の長さの比は，相似比に等しいので，3：4

△ABCと△A′B′C′の面積比は　$3^2：4^2＝9：16$

$$(\qquad 周の長さの比は3：4，面積比は9：16 \qquad)$$

〔相似な立体の表面積と体積〕

2　三角錐PとQは相似で，その高さの比は5：2である。

(1)　三角錐PとQの相似比を求めなさい。

三角錐PとQの相似比は，高さの比に等しい。$(\qquad 5：2 \qquad)$

(2)　三角錐Pの表面積が75cm²で体積が500cm³のとき，Qの表面積と体積を求めなさい。

三角錐PとQの表面積の比は　$5^2：2^2＝25：4$

三角錐Qの表面積をScm²とすると

$25：4＝75：S$，$S＝12$

三角錐PとQの体積比は　$5^3：2^3＝125：8$

三角錐Qの体積をVcm³とすると

$125：8＝500：V$，$V＝32$

> 相似比が $m：n$ ならば，表面積の比は $m^2：n^2$ で，体積比は $m^3：n^3$ だね。

$$(\qquad 表面積は12cm²，体積は32cm³)$$

3　球の半径を2倍にすると，表面積と体積はそれぞれ何倍になるか。

もとの球をO，Oの半径を2倍にした球をO′とすると，OとO′の相似比が1：2だから，表面積の比は $1^2：2^2＝1：4$，体積比は $1^3：2^3＝1：8$ となる。

$$(\qquad 表面積は4倍，体積は8倍 \qquad)$$

これが出る！ 定期テスト対策

1 右の図について，次の問に答えなさい。

(1) 相似な三角形をみつけ，記号∽を使って表しなさい。また，そのときに使った相似条件を答えなさい。

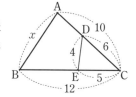

AC : EC＝10 : 5，BC : DC＝12 : 6なので

AC : EC＝BC : DC＝2 : 1

また，∠Cは共通

したがって　△ABC∽△EDC

相似条件は，2組の辺の比とその間の角がそれぞれ等しい。

（△ABC∽△EDC，2組の辺の比とその間の角がそれぞれ等しい。）

(2) x の値を求めなさい。

(1)より，AB : ED＝AC : ECだから，x : 4＝2 : 1

これを解くと　x＝8

(　　　　x＝8　　　　)

でる 2 右の図の△ABCで，辺AB上に，∠C＝∠BDEとなる点Dをとる。このとき，△ABC∽△EBDとなることを，次のように証明した。□の中をうめて，証明を完成させなさい。

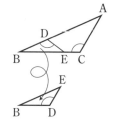

〈証明〉　△ABCと△EBDにおいて

∠ACB＝∠ EDB 　　……①

∠Bは 共通 　　　　　……②

①，②より，2組の角 がそれぞれ等しいから

△ABC∽△ EBD

85

でる 3 下の図で，DE∥BCであるとき，x，yの値を求めなさい。

(1)

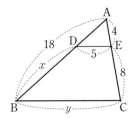

(2)

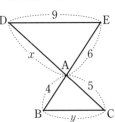

$(18-x):18=4:(4+8)$ より

$12(18-x)=72$, $18-x=6$

$x=12$

$4:(4+8)=5:y$ より $4y=60$

$y=15$ （ $x=12$, $y=15$ ）

$x:5=6:4$ より

$4x=30$, $x=7.5$

$6:4=9:y$ より

$6y=36$, $y=6$

（ $x=7.5$, $y=6$ ）

4 右の図で，四角形ABCDは，AD∥BCの台形である。辺ABの中点をEとし，EからBCに平行な直線をひき，DC，DB，ACとの交点をそれぞれF，P，Qとする。PQの長さを求めなさい。

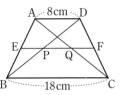

△ABCで，EQ∥BCより，AQ:QC=AE:EB=1:1

中点連結定理より $EQ=\dfrac{1}{2}\times18=9$(cm)。同様にして $EP=\dfrac{1}{2}\times8=4$(cm)

よって $PQ=EQ-EP=9-4=5$(cm) （ 5cm ）

でる 5 下の図で，ℓ，m，n が平行であるとき，xの値を求めなさい。

(1)

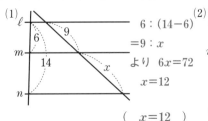

$6:(14-6)$
$=9:x$
より $6x=72$
$x=12$

（ $x=12$ ）

(2)

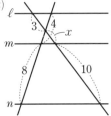

$4:8$
$=(3+x):10$
より
$24+8x=40$
$x=2$

（ $x=2$ ）

6 右の図で，点D，EとF，Gはそれぞれ辺AB，ACを3等分する点である。次の問に答えなさい。

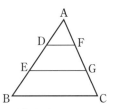

(1) △AEGと△ABCの面積比を求めなさい。

△AEG∽△ABCで，相似比は2:3だから，面積比は $2^2:3^2=4:9$ （　　　**4:9**　　　）

(2) △ABCの面積が18cm²のとき，四角形DEGFの面積を求めなさい。

△ADF:△ABC=$1^2:3^2=1:9$，△AEG:△ABC=4:9だから，△ABCの面積をS cm²とすると，△ADF，△AEGの面積は

それぞれ$\frac{1}{9}S$ cm²，$\frac{4}{9}S$ cm²となる。

よって，四角形DEGF=$\frac{4}{9}S-\frac{1}{9}S=\frac{3}{9}S=\frac{1}{3}\times18=6$ (cm²)

（　　　**6cm²**　　　）

7 右の図のような円錐の形をした容器に水を100cm³入れると，水の深さが容器の深さの$\frac{1}{3}$になった。あと何cm³の水を入れると，容器は満水になるか，求めなさい。

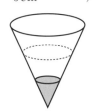

水が入っている部分と容器の体積比は $1^3:3^3=1:27$

容器に水をあとV cm³入れるとすると $100:(100+V)=1:27$

これを解くと $V=2600$ （　　　**2600cm³**　　　）

8 ある重さを測定し，10g未満を四捨五入して，測定値1830gを得た。

(1) この測定値の有効数字をいいなさい。 （　**1，8，3**　）

(2) 真の値をaとして，aの値の範囲を不等号を使って表しなさい。

（　$1825 \leqq a < 1835$　）

(3) 誤差の絶対値は大きくてもどのくらいと考えられるか。

$1830-1825=5$ （　　**5**　　）

(4) この測定値を，(整数部分が1けたの数)×(10の累乗)の形で表しなさい。

（　1.83×10^3 g　）

6章 円の性質を見つけて証明しよう ——円

1節 円周角の定理

要点

❶円周角の定理 教 p.168〜p.173

円周角……円Oにおいて，$\overset{\frown}{AB}$ を除く円周上の点をPとするとき，∠APBを $\overset{\frown}{AB}$ に対する**円周角**という。また，$\overset{\frown}{AB}$ を円周角∠APBに対する弧という。

$\overset{\frown}{AB}$ に対する円周角∠APBはいくつもあるよ。

円周角の定理

定理 1つの弧に対する円周角の大きさは一定であり，その弧に対する中心角の半分である。

注 ・1つの弧に対する中心角の大きさは，その弧に対する円周角の大きさの2倍であるともいえる。

・中心角と円周角を見たら，必ず，どの弧に対する中心角と円周角であるのかを考えること。

重要 例題

例題1 下の図で，∠xの大きさを求めなさい。

(1)

(2)

(3)

〈解答〉 (1) ∠x＝$\dfrac{1}{2}$× □60 °＝ □30 °

(2) ∠x＝2× □25 °＝ □50 °

(3) ∠x＝2× □100 °＝ □200 °

要点

円周角と弧

半円の弧に対する中心角は180°だから，円周角は90°になるよ。

定理 1つの円において

1 等しい円周角に対する弧は等しい。

2 等しい弧に対する円周角は等しい。

直径と円周角

定理 線分ABを直径とする円の周上にA，Bと異なる点Pをとれば，∠APB＝90°である。

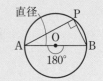

注 直径と円周角の定理の逆……円周上の3点A，P，Bについて，∠APB＝90°ならば，線分ABは直径になる。

 例題

例題1 右の図で，$\overset{\frown}{AB}=\overset{\frown}{BC}$，$\overset{\frown}{CD}=2\overset{\frown}{AB}$ である。∠APB＝15°のとき，∠CPD，∠APDの大きさを求めなさい。

〈解答〉 $\overset{\frown}{AB}=\overset{\frown}{BC}$ より，∠BPC＝∠APB＝ 15 °

$\overset{\frown}{CD}=2\overset{\frown}{AB}$ より，∠CPD＝2× 15 °＝ 30 °

∠APD＝15°＋15°＋ 30 °＝ 60 °

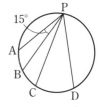

例題2 下の図で，∠xの大きさを求めなさい。

(1)

(2)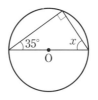

(3)

〈解答〉 (1) ∠x＝ 90 °

(2) ∠x＝180°－(35°＋ 90 °)＝ 55 °

(3) ∠x＝180°－(40°＋ 90 °)＝ 50 °

89

❷ 円周角の定理の逆　教 p.174～p.175

円の内部と外部

点Pが円Oの周上や内部，外部に
あるとき，∠APBと$\overset{\frown}{AB}$に対する
円周角∠aの大きさを比べると，

1　点Pが円Oの周上にあるとき
　　∠APB＝∠a

2　点Pが円Oの内部にあるとき　∠APB＞∠a

3　点Pが円Oの外部にあるとき　∠APB＜∠a

三角形の内角と
外角の大きさの
関係から，右の
ような関係が導
けるよ。

円周角の定理の逆

定理　4点A，B，P，Qについて，P，
　　　Qが直線ABの同じ側にあって
　　　∠APB＝∠AQBならば，この
　　　4点は1つの円周上にある。

重要 例題

例題1　下の図で，4点A，B，C，Dが1つの円周上にあるものをすべ
て記号で答えなさい。

ア
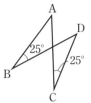

イ
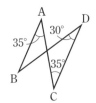

ウ
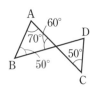

〈解答〉　ア　∠ABD＝∠ACD＝　25　°より，1つの円周上にある。

　イ　∠BAC＝　35　°，∠BDC＝　30　°より，1つの円周上にある
　　　とはいえない。

　ウ　∠ABD＝180°－(70°＋　60　°)＝　50　°，∠ACD＝　50　°
　　　よって，∠ABD＝∠　ACD

（　ア，ウ　）

例題2 右の図で，∠ACB＝∠ADBのとき，∠ABD ＝∠ACD，∠BAC＝∠BDC，∠CAD＝∠CBDと なることを証明しなさい。

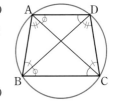

〈解答〉 2点C，Dが，直線ABの同じ側にあって， ∠ACB＝∠ ADB であるから，4点A，B，C，D は1つの円周上にある。したがって，

　　 AD に対する円周角は等しいから　∠ABD＝∠ACD

　　 BC に対する円周角は等しいから　∠BAC＝∠BDC

　　 CD に対する円周角は等しいから　∠CAD＝∠CBD

例題3 右の図のように，▱ABCDを，対角線AC を折り目として折り，点Bの移動した点をEとす ると，4点A，C，D，Eは1つの円周上にある。 このことを証明しなさい。

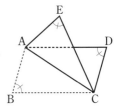

〈解答〉 平行四辺形の対角は等しいから

　　　　　∠ADC＝∠ ABC

　　△AECは△ABCを折り返したものだから

　　　　　∠AEC＝∠ ABC

　　よって，∠ADC＝∠AEC だから， 円周角の定理の逆 より， 4点A，C，D，Eは1つの円周上にある。

例題4 線分ABを斜辺とする直角三角形ABPを たくさんかいていくと，直角の頂点Pはどんな線 の上を動くか。

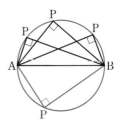

〈解答〉 ∠APB＝ 90 °であるから，点Pは線分 AB を 直径 とする円の周上を動く。ただし， 点PはA，Bと一致することはないので，点A， Bは除く。

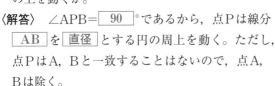

□円Oにおいて，$\overparen{AB}$を除く円周上の点をPとするとき，　円周角
　∠APBを$\overparen{AB}$に対する何というか。

□$\overparen{AB}$を円周角∠APBに対する何というか。　弧

□1つの弧に対する円周角の大きさは ① であり，そ　①一定(または同じ)
　の弧に対する中心角の ② である。　②半分(または$\frac{1}{2}$)

□右の図の円Oにおいて，　40°，72°
　∠AOB＝80°のとき，∠APBの大
　きさは何度か。また，∠APB＝36°
　のとき，∠AOBの大きさは何度か。

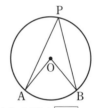

□1つの円において，等しい円周角に対する弧は □ 。　等しい

□1つの円において，等しい弧に対する円周角は □ 。　等しい

□線分ABを直径とする円の周上に，A，Bと異なる点　90°
　Pをとると，∠APBの大きさは何度か。

□右の図で，∠xの大きさは何度か。　180°

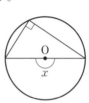

□4点A，B，P，Qについて，P，Qが直線ABの同じ　円周角の定理の
　側にあって，∠APB＝∠AQBならば，この4点は1　逆
　つの円周上にある。この定理を何というか。

□線分ABが与えられたとき，∠APB＝90°という条件　ABを直径とす
　をみたしながら動く点Pは，どんな線をえがくか。　る円(点A，Bは
　　　　除く)

〔円周角の定理〕

1 下の図で，∠xの大きさを求めなさい。

(1)

$\angle x = \dfrac{1}{2} \times 90° = 45°$

（　　45°　　）

(2)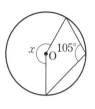

$\angle x = 2 \times 105°$
$\quad = 210°$

（　　210°　　）

(3)

$\angle x = 45° + 65°$
$\quad = 110°$

（　　110°　　）

(4)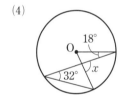

$\angle x = 2 \times 32° + 18°$
$\quad = 82°$

（　　82°　　）

(5)

$\angle x = 180° - (35° + 90°)$
$\quad = 55°$

（　　55°　　）

(6)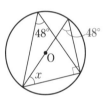

$\angle x = 180° - (48° + 90°)$
$\quad = 42°$

（　　42°　　）

〔円周角の定理の逆〕

2 右の図のような四角形ABCDがあり，対角線 ACとBDの交点をEとする。∠xの大きさを求めなさい。

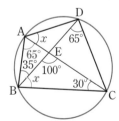

△ABEの内角と外角の関係より
　∠BAE＝100°−35°＝65°
∠BAC＝∠BDC＝65°であるから，円周角の定理の逆より，4点A，B，C，Dは1つの円周上にある。よって，円周角の定理より
　∠x＝∠CBD＝180°−(100°＋30°)＝50°

（　　50°　　）

要点 ❶ 円周角の定理の利用 教 p.178〜p.181

円の接線の作図

円周角の定理を利用して、円O外の点Aから、円Oに接線をひくことができる。

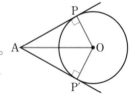

① 線分AOを直径とする円O'をかき、円Oとの交点をP, P'とする。

点Aから円Oへの接線は、2本ひけるね。

② 直線AP, AP'をひく。

接線の長さ……上の図で、線分APまたはAP'の長さを、点Aから円Oにひいた接線の長さという。

円外の1点からの接線……円外の1点から、その円にひいた2つの接線の長さは等しい。

重要 例題

例題1 右の図で、直線AP, AP'は、ともに円Oの接線で、点P, P'は接点である。この図で、線分AP, AP'の長さが等しいことを証明しなさい。

〈解答〉 OとA、OとP、OとP'をそれぞれ結ぶ。

△APOと△AP'Oにおいて

OAは共通 ……①

円Oの半径だから OP= OP' ……②

円Oの接線だから ∠APO=∠ AP'O = 90 °……③

①、②、③より、直角三角形の 斜辺と他の1辺 がそれぞれ等しいから

△APO≡△AP'O

したがって AP=AP'

94

円周角の作図

90°の円周角……2点A, Bがあり, ∠APB＝90°となるような点P をとるとき, 点Pがどんな図 形の上にあるのかを作図によっ て求めることができる。

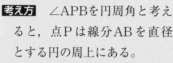

円周上の3点A, P, Bについて, ∠APB＝90°な らば, 線分AB は直径になると いえるよ。

考え方 ∠APBを円周角と考え ると, 点Pは線分ABを直径 とする円の周上にある。 また, この円の中心Oは, 線 分ABの中点なので, 右の図 のように, 線分ABの垂直二 等分線をひいて求める。

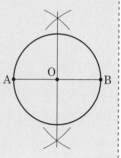

重要 例題

例題1 2点A, Bがあり, ∠AQB＝30°となるよ うな点Qをとるとき, 点Qがどんな図形の上に あるかを, 右のように作図によって求めた。この 作図のしかたについて説明しなさい。

〈解答〉 ∠AQB＝30°を $\widehat{AB}$ の 円周角 と考えると, 点Qは円周上の点となる。円周角の定理より, $\widehat{AB}$ の中心角は 60° となるので, 円の中心 をOとすると, △AOBは 正三角形 。OA, OB が線分 AB の長さと等しくなるように点Oを

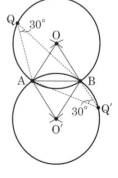

とり, OA(OB) を半径とする円をかく。同じようにして, 線分ABの 下側にも円の中心O′ をとれるので, 下側にも円をかく。

円と交わる直線でできる図形
円と相似

円周角の定理を利用して，三角形の相似が証明できる。

右の図のように，円の内部の点Pを通る2つの直線があり，それぞれ円と点A, B, および, C, Dで交わっている。

円周角の定理と対頂角を使って相似を示しているよ。

〈証明〉　△ADPと△CBPにおいて

$\overset{\frown}{AC}$ に対する円周角は等しいから

∠ADP＝∠CBP　……①

対頂角は等しいから　∠APD＝∠CPB　……②

①，②より，　2組の角がそれぞれ等しいから

△ADP∽△CBP

重要 例題

例題1 右の図のように，2つの弦AB，CDの交点をPとするとき，次の問に答えなさい。

(1) △ACP∽△DBPとなることを証明しなさい。

(2) PDの長さを求めなさい。

〈解答〉 (1) △ACPと△DBPにおいて

$\overset{\frown}{AD}$ に対する円周角は等しいから

∠ACP＝∠ DBP 　　　　　　……①

対頂角は等しいから　∠APC＝∠ DPB 　……②

①，②より，　2組の角 がそれぞれ等しいから

△ACP∽△DBP

対頂角を使わずに，∠CAP＝∠BDPでもいいよ。

(2) (1)より，PA：PD＝PC： PB 　　3：PD＝6： 9

これを解くと　PD＝ 4.5 cm

例題2 右の図で，A，B，C，D は円周上の点で，$\overparen{AD}=\overparen{DC}$ である。弦 AC，BD の交点を P とするとき，△ABP∽△DBC となることを証明しなさい。

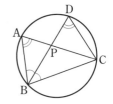

〈**解答**〉 △ABP と △DBC において

$\overparen{AD}=\overparen{DC}$ だから

∠ABP＝∠ DBC   ……①

$\overparen{BC}$ に対する円周角は等しいから

∠BAP＝∠ BDC   ……②

①，②より， 2組の角 がそれぞれ等しいから

△ABP∽△DBC

例題3 右の図で，A，B，C，D は円 O の周上の点で，AD は円 O の直径である。点 A から △ABC の辺 BC にひいた垂線を AE とするとき，次の問に答えなさい。

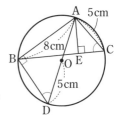

(1) △ABD∽△AEC となることを証明しなさい。

(2) AE の長さを求めなさい。

〈**解答**〉 (1) △ABD と △AEC において，

AD は円の直径だから ∠ABD＝ 90 °

仮定より ∠ AEC ＝90°

よって ∠ABD＝∠ AEC ＝90°   ……①

$\overparen{AB}$ に対する円周角は等しいから

∠ ADB ＝∠ACE   ……②

①，②より， 2組の角 がそれぞれ等しいから

△ABD∽△AEC

(2) (1)より，対応する辺の比は等しいから

AB：AE＝AD： AC   8：AE＝ 10 ：5

これを解くと AE＝ 4 cm

□円Oに，円外の点Aから接
線をひく方法は，

　①　線分AOを　①　とす
　　る円をかき，円Oとの交
　　点を　②　，P′とする。

　②　直線　③　，AP′をひく。

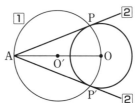

①直径　②P
③AP

□上の図で，∠APO，∠AP′Oの大きさはそれぞれ何
度か。

どちらも90°

□上の図で，線分APとAP′の長さの関係を記号を使っ
て表せ。

AP＝AP′

□円の接線と，接点を通る半径との関係はどうなってい
るか。

垂直になってい
る

□円外の１点から，その円にひいた２つの接線の長さは
どうなっているか。

等しくなってい
る

□右の図で，
　△ACP∽△　①　より，
　PA：PD＝　②　：PBである。

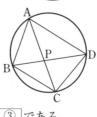

①DBP
②PC

□右の図で，A，B，C，Dは円周
上の点で，ACとBDの交点をP
とする。相似な三角形の組は，
△ABPと△　①　，△ADPと
△　②　である。また，そのこと
を証明するのに使った相似条件は，　③　である。

①DCP
②BCP
③2組の角がそ
　れぞれ等しい。

1 下の図で，$\angle x$ の大きさを求めなさい。

(1)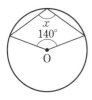

$360°-140°=220°$

$\angle x=\dfrac{1}{2}\times 220°=110°$

（　110°　）

(2)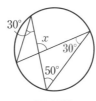

$\angle x=30°+50°$
$=80°$

（　80°　）

(3)

$\angle x=180°-(90°+50°)$
$=40°$

（　40°　）

(4)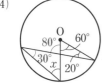

$60°+20°=80°$

$\dfrac{1}{2}\times 60°=30°$

$\angle x=80°-30°=50°$

（　50°　）

(5)

$\angle x=2\times(25°+30°)$
$=110°$

（　110°　）

(6)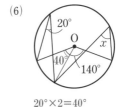

$20°\times 2=40°$

$140°-40°=100°$

$\angle x=\dfrac{1}{2}\times 100°=50°$

（　50°　）

2 右の図のような四角形 ABCD があり，対角線 AC と BD の交点を E とする。$\angle x$ の大きさを求めなさい。

　△ADE の内角と外角の関係より

　$\angle DAE=60°-35°=25°$

　$\angle CAD=\angle CBD=25°$ であるから，円周角の定理の逆より，4 点 A，B，C，D は 1 つの円周上にある。

　よって，円周角の定理より

　$\angle BAC=\angle BDC=70°$

したがって　$\angle x=180°-(70°+60°)=50°$

（　50°　）

3 右の図のように，2つの弦AB，CDの交点をP
とする。DPの長さを求めなさい。

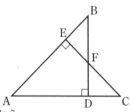

∠CAP＝∠BDP，∠APC＝∠DPBであるから
　　△ACP∽△DBP
　　よって　AC：DB＝AP：DP
　　8：6＝4：DP　DP＝3cm
　　　　　　　　　　　　　　（　　3cm　　）

4 右の図で，点B，Cから辺AC，ABに垂
線をひき，その交点をそれぞれD，Eとし，
BDとCEの交点をFとする。このとき，
点A，B，C，D，E，Fのうち，1つの円
周上にある4点の組をすべて答えなさい。

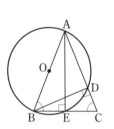

線分AFをひくと，∠AEF＝∠ADF＝90°だから，
4点A，D，F，EはAFを直径とする円周上にある。
∠BEF＝∠CDF＝90°だから，4点B，E，D，CはBCを直径とする
円周上にある。　　　　　　　　（点A，D，F，Eと点B，E，D，C）

5 右の図は，AB＝ACの二等辺三角形ABCで，
ABは円Oの直径である。辺AC，BCと円Oとの
交点をそれぞれD，Eとするとき，
△ABE∽△BCDとなることを証明しなさい。

△ABEと△BCDにおいて，
ABは円Oの直径だから　∠AEB＝90°
同様にして，∠ADB＝90°より　∠BDC＝90°
よって　∠AEB＝∠BDC＝90°　　……①
△ABCはAB＝ACの二等辺三角形だから
　∠ABE＝∠BCD　　……②
①，②より，2組の角がそれぞれ等しいから
　△ABE∽△BCD

6 右の図のように，点Pを通る2つの直線があり，それぞれ円と点A，B，および，C，Dで交わっている。AC＝ADのとき，次の問に答えなさい。

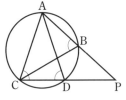

(1) △ABC∽△ACPとなることを証明しなさい。

△ABCと△ACPにおいて，

AC＝ADより，△ACDは二等辺三角形だから　∠ACD＝∠ADC

$\overset{\frown}{\text{AC}}$に対する円周角は等しいから　∠ABC＝∠ADC

よって　∠ABC＝∠ACP　　　　……①

また　　∠CAB＝∠PAC　　　　……②

①，②より，　2組の角がそれぞれ等しいから

$\qquad$ △ABC∽△ACP

(2) AB＝4cm，AP＝9cmのとき，ACの長さを求めなさい。

(1)より，AB：AC＝AC：AP　4：AC＝AC：9

$\text{AC}^2=36$　AC＞0であるから　AC＝6cm

（　6cm　）

 この考え方も 身につけよう

円周上の5つの点でできる角の和

右の図で，∠Aは$\overset{\frown}{\text{CD}}$に対する円周角

$\qquad\qquad$∠Bは$\overset{\frown}{\text{DE}}$に対する円周角

$\qquad\qquad$∠Cは$\overset{\frown}{\text{AE}}$に対する円周角

$\qquad\qquad$∠Dは$\overset{\frown}{\text{AB}}$に対する円周角

$\qquad\qquad$∠Eは$\overset{\frown}{\text{BC}}$に対する円周角

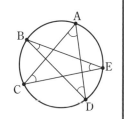

これより，∠A，∠B，∠C，∠D，∠Eの弧に対する中心角の和は360°となる。

よって，∠A，∠B，∠C，∠D，∠Eの和は，$\dfrac{1}{2}\times360°＝180°$

となる。

7章 三平方の定理を活用しよう
——三平方の定理

1節 三平方の定理

要点 ❶ **三平方の定理** 教 p.188〜p.189

三平方の定理（ピタゴラスの定理）

斜辺とは，直角三角形でいちばん長い辺のことだよ。

定理 直角三角形の直角をはさむ２辺の長さを a, b，斜辺の長さを c とすると，次の関係が成り立つ。

$$a^2+b^2=c^2$$

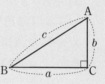

重要 例題

例題1 下の図の直角三角形で，x の値をそれぞれ求めなさい。

(1)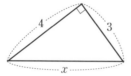

(2)

〈解答〉　(1)　斜辺の長さが x より

4^2+ ⬚3⬚ $^2=x^2$　$x^2=$ ⬚25⬚

$x>0$ であるから $x=$ ⬚5⬚

(2)　斜辺の長さが 6 より

$4^2+x^2=$ ⬚6⬚ ^{2}　$x^2=$ ⬚20⬚

$x>0$ であるから $x=$ ⬚$2\sqrt{5}$⬚

例題2 $\angle E=90°$ の直角三角形ABEと合同な直角三角形を，右の図のように並べたとき，$a^2+b^2=c^2$ が成り立つことを証明しなさい。

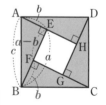

〈解答〉　正方形ABCD＝正方形EFGH＋△ABE×4　より

左辺＝c^2，右辺＝$(a-b)^2+\dfrac{1}{2}$ ⬚ab⬚ $×4=$ ⬚a^2+b^2⬚

したがって　$a^2+b^2=c^2$

❷ 三平方の定理の逆 教 p.190〜p.191

三平方の定理の逆

直角三角形であるかどうかの判定に使えるよ。

定理 三角形の 3 辺の長さ a, b, c の間に

$$a^2+b^2=c^2$$

という関係が成り立てば，その三角形は，長さ c の辺を斜辺とする直角三角形である。

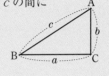

重要 例題

例題1 次の長さを 3 辺とする三角形のうち，直角三角形はどれか答えなさい。

⑦　5cm，6cm，7cm

④　$\sqrt{3}$ cm，$\sqrt{7}$ cm，$\sqrt{10}$ cm

⑤　$\sqrt{5}$ cm，3cm，4cm

〈解答〉　3 辺の長さ a, b, c の間に，$a^2+b^2=c^2$ の関係が成り立つものを答えればよい。このとき，もっとも長い辺を c とする。

⑦　$a=5$，$b=6$，$c=7$ とすると

$$a^2+b^2=5^2+\boxed{6}^2=\boxed{61}，\quad c^2=\boxed{7}^2=\boxed{49}$$

5^2+6^2 は 7^2 ではないので，成り立たない。

④　$a=\sqrt{3}$，$b=\sqrt{7}$，$c=\sqrt{10}$ とすると

$$a^2+b^2=(\boxed{\sqrt{3}})^2+(\sqrt{7})^2=\boxed{10}，\quad c^2=(\boxed{\sqrt{10}})^2=\boxed{10}$$

$(\sqrt{3})^2+(\sqrt{7})^2=(\sqrt{10})^2$ だから，$\boxed{\text{成り立つ}}$。

⑤　$a=\sqrt{5}$，$b=3$，$c=4$ とすると

$$a^2+b^2=(\boxed{\sqrt{5}})^2+3^2=\boxed{14}，\quad c^2=\boxed{4}^2=\boxed{16}$$

$(\sqrt{5})^2+3^2$ は 4^2 ではないので，$\boxed{\text{成り立たない}}$。

よって，直角三角形は $\boxed{④}$ である。

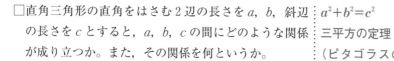

用 語・公 式 check!

- □直角三角形の直角をはさむ2辺の長さを a, b, 斜辺
  の長さを c とすると, a, b, c の間にどのような関係
  が成り立つか。また, その関係を何というか。

  $a^2+b^2=c^2$
  三平方の定理
  （ピタゴラスの
  定理）

- □右の図で, $a=1$, $b=2$ のとき,
  $c=\boxed{}$ である。

  $\sqrt{5}$

- □右の図で, $a=1$, $c=3$ のとき,
  $b=\boxed{}$ である。

  $2\sqrt{2}$

- □右の図で, $b=3$, $c=4$ のとき,
  $a=\boxed{}$ である。

  $\sqrt{7}$

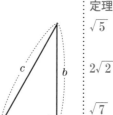

- □三角形の3辺の長さ a, b, c の間に $a^2+b^2=c^2$ という
  関係が成り立てば, その三角形はどのような三角形か。
  また, その関係を何というか。

  c を斜辺とする
  直角三角形
  三平方の定理の
  逆

- □3辺が1, 2, 2 である三角形は, 直角三角形である
  といえるか。

  いえない

- □3辺が1, 3, $\sqrt{10}$ である三角形は, 直角三角形であ
  るといえるか。

  いえる

- □3辺が $2\sqrt{2}$, 4, $2\sqrt{6}$ である三角形は, 直角三角形
  であるといえるか。

  いえる

- □AB=2, BC=$\sqrt{5}$, CA=3 の直角三角形ABCにおい
  て, 斜辺はどれか。

  辺CA

- □AB=13cm, BC=12cm, CA=5cm の直角三角形
  ABCにおいて, 斜辺はどれか。

  辺AB

- □AB=4cm, BC=$\sqrt{32}$cm, CA=4cm の直角二等辺
  三角形ABCにおいて, 斜辺はどれか。

  辺BC

〔三平方の定理〕

1　下の図の直角三角形で，x の値をそれぞれ求めなさい。

(1)

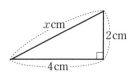

$4^2+2^2=x^2$　　$x^2=20$

$x>0$ であるから　$x=2\sqrt{5}$

（　　　　$x=2\sqrt{5}$　　　　）

(2)

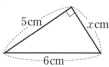

$5^2+x^2=6^2$　　$x^2=11$

$x>0$ であるから　$x=\sqrt{11}$

（　　　　$x=\sqrt{11}$　　　　）

(3)

$(\sqrt{6})^2+x^2=3^2$　　$x^2=3$

$x>0$ であるから　$x=\sqrt{3}$

（　　　　$x=\sqrt{3}$　　　　）

(4)

$5^2+12^2=x^2$　　$x^2=169$

$x>0$ であるから　$x=13$

（　　　　$x=13$　　　　）

〔三平方の定理の逆〕

2　次の長さを 3 辺とする三角形のうち，直角三角形はどれか答えなさい。

㋐　8cm，15cm，17cm

㋑　$\sqrt{3}$ cm，2cm，$2\sqrt{2}$ cm

㋒　$\sqrt{5}$ cm，$\sqrt{7}$ cm，$2\sqrt{3}$ cm

㋓　0.3m，0.4m，0.5m

㋐　$8^2+15^2=289$，$17^2=289$…直角三角形である。

㋑　$(\sqrt{3})^2+2^2=7$，$(2\sqrt{2})^2=8$…直角三角形でない。

㋒　$(\sqrt{5})^2+(\sqrt{7})^2=12$，$(2\sqrt{3})^2=12$…直角三角形である。

㋓　$0.3^2+0.4^2=0.25$，$0.5^2=0.25$…直角三角形である。

（　　㋐，㋒，㋓　　）

要点　❶ 三平方の定理の利用　教 p.194〜 p.200

特別な直角三角形の 3 辺の比

特別な直角三角形の 3 辺の比は，正方形や正三角形から導かれるよ。

3 つの角が45°，45°，90°である直角三角形と，30°，60°，90°である直角三角形の 3 辺の長さの比は，次のようになる。

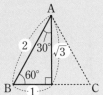

重要　**例題**

例題1　次の図で，x，y の値を求めなさい。

(1)

(2)

〈解答〉　(1)　$3 : x = \boxed{1} : \boxed{2}$　これを解くと　$x = \boxed{6}$

　　　　　　$3 : y = \boxed{1} : \boxed{\sqrt{3}}$　これを解くと　$y = \boxed{3\sqrt{3}}$

　　　　(2)　$2 : x = \boxed{1} : \boxed{1}$　これを解くと　$x = \boxed{2}$

　　　　　　$2 : y = \boxed{1} : \boxed{\sqrt{2}}$　これを解くと　$y = \boxed{2\sqrt{2}}$

例題2　右の図の二等辺三角形ABCの高さAHと，面積を求めなさい。

〈解答〉　HはBCの中点である。AH＝h cm とすると　$4^2 + h^2 = \boxed{6}^{\,2}$　$h^2 = \boxed{20}$

$h > 0$ であるから $h = \boxed{2\sqrt{5}}$　AH＝$\boxed{2\sqrt{5}}$ cm

$\triangle ABC = \dfrac{1}{2} \times 8 \times \boxed{2\sqrt{5}} = \boxed{8\sqrt{5}}$（cm²）

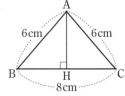

2点間の距離

2点A，Bの間の距離は，ABを斜辺として，他の2辺が座標軸に平行な直角三角形をつくることで，三平方の定理により求められる。

例 2点A$(6, 8)$，B$(2, 1)$の間の距離を求めなさい。

BCの長さは点B，Cのx座標の差，ACの長さは点A，Cのy座標の差になるよ。

考え方 右の図のように，直角三角形ABCをつくる。BC，ACの長さがわかるから，△ABCに三平方の定理を用いて，ABの長さを求める。

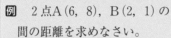
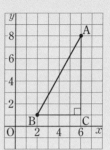

例題1 上の**例**において，**考え方**の図を用いて，2点A，Bの間の距離を求めなさい。

〈解答〉 BC＝ 6 －2＝ 4 ，AC＝ 8 －1＝ 7 である。

AB＝dとすると，

$$d^2=4^2+\boxed{7}^2=\boxed{65}$$

$d>0$であるから $d=\boxed{\sqrt{65}}$ $(\qquad \sqrt{65} \qquad)$

例題2 2点A$(5, 4)$，B$(-1, -2)$の間の距離を求めなさい。

〈解答〉 右の図のように，直角三角形ABCをつくる。

BC＝ 5 －(-1)＝ 6

AC＝4－$(\boxed{-2})$＝ 6

である。AB＝dとすると

$$d^2=6^2+\boxed{6}^2=\boxed{72}$$

$d>0$であるから $d=\boxed{6\sqrt{2}}$ $(\qquad 6\sqrt{2} \qquad)$

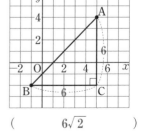

要点

円や球への三平方の定理の利用

弦の長さ

円の中心から弦にひいた垂線は，弦を垂直に2等分する。このことから，三平方の定理を利用して，円の弦の長さを求めることができる。

直角三角形をつくると，三平方の定理が利用できるよ。

接線の長さ

円の接線は，接点を通る半径に垂直であることから，直角三角形をつくって，接線の長さを求めることができる。

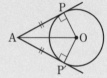

重要 **例題**

例題1 半径が5cmの円Oで，中心Oからの距離が3cmである弦ABの長さを求めなさい。

〈解答〉 右の図のように，円の中心Oから弦ABに垂線をひき，ABとの交点をHとすると，

△OAH≡△OBHとなるから，HはABの 中点 である。AH＝$x$cmとすると，△OAHは 直角三角形 であるから

$$x^2 + \boxed{3}^2 = \boxed{5}^2$$
$$x^2 = \boxed{16}$$

$x>0$であるから $x = \boxed{4}$

$$AB = 2AH$$
$$= 2 \times \boxed{4}$$
$$= \boxed{8} \text{(cm)}$$

（ 8cm ）

108

例題2 半径が6cmの円Oで，中心Oから10cm
の距離に点Aがある。点Aから円Oに接線をひき，
円Oとの接点をPとする。このとき，接線の長さ
APを求めなさい。

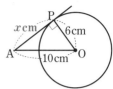

〈**解答**〉 円の接線は接点を通る半径に ⎿ 垂直 ⏌ であ
るから，$\angle APO =$ ⎿ 90 ⏌ °である。AP$=x$cmとすると，△APOは
直角三角形だから，$x^2 +$ ⎿ 6 ⏌$^2 =$ ⎿ 10 ⏌^{2} $x^2 =$ ⎿ 64 ⏌
$x>0$であるから $x =$ ⎿ 8 ⏌   (8cm   )

例題3 円の中心Oから12cmの距離に点Aがある。
点P，Qは点Aから円Oに接線をひいたときの接
点である。AP$=9$cmのとき，四角形APOQの
面積を求めなさい。

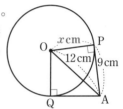

〈**解答**〉 APは円Oの接線だから，$\angle APO =$ ⎿ 90 ⏌ °
PO$=x$cmとすると，△APOは直角三角形だから
$x^2 +$ ⎿ 9 ⏌$^2 =$ ⎿ 12 ⏌^{2} $x^2 =$ ⎿ 63 ⏌
$x>0$であるから，$x =$ ⎿ $3\sqrt{7}$ ⏌

△APO≡△AQOだから，四角形APOQの面積は

$\dfrac{1}{2} \times 9 \times$ ⎿ $3\sqrt{7}$ ⏌ $\times 2 =$ ⎿ $27\sqrt{7}$ ⏌ (cm^2) ($27\sqrt{7}$ cm^2)

例題4 右の図のように，ABを直径とする半円と，
その周上の点Pを通る接線がある。また，A，Bを
通る直径ABの垂線と接線との交点をそれぞれC，
Dとする。AC$=4$cm，BD$=1$cmのとき，直径AB
の長さを求めなさい。

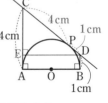

〈**解答**〉 点Dから線分ACに垂線をひき，ACとの交点をEとする。
CE$=$ ⎿ 3 ⏌ cmであり，CP$=$ ⎿ 4 ⏌ cm，DP$=$ ⎿ 1 ⏌ cmである。
AB$=$DE$=x$cmとすると，△CEDは直角三角形であるから
⎿ 3 ⏌$^2 + x^2 =$ ⎿ 5 ⏌^{2} $x^2 =$ ⎿ 16 ⏌
$x>0$であるから $x =$ ⎿ 4 ⏌   (4cm   )

要点

直方体の対角線

右の図の直方体で，縦，横，高さをそれぞれ a, b, c とすると，

$$\text{対角線 BH} = \sqrt{a^2 + b^2 + c^2}$$

となる。

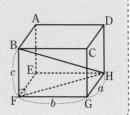

重要 例題

例題 1 縦2cm，横6cm，高さ3cmの直方体の対角線の長さを求めなさい。

〈解答〉 $\sqrt{2^2 + 6^2 + \boxed{3}\,{}^2} = \boxed{7}$ (cm) （ $\boxed{\quad 7\,\text{cm} \quad}$ ）

例題 2 底面の半径が2cm，母線の長さが7cmの円錐の体積を求めなさい。

〈解答〉 右の図のように，高さ AO＝h cm とすると，

△ABOは $\boxed{\text{直角三角形}}$ であるから

$h^2 + \boxed{2}\,{}^2 = \boxed{7}\,{}^2$ $h^2 = \boxed{45}$

$h > 0$ であるから $h = \boxed{3\sqrt{5}}$

体積は $\dfrac{1}{3} \times \pi \times \boxed{2}\,{}^2 \times \boxed{3\sqrt{5}} = \boxed{4\sqrt{5}\,\pi}$ (cm³) （ $4\sqrt{5}\,\pi\,\text{cm}^3$ ）

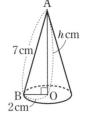

例題 3 底面が1辺6cmの正方形で，他の辺が9cmの正四角錐がある。この正四角錐の体積を求めなさい。

〈解答〉 ACは正方形の対角線だから

AC＝$\boxed{6\sqrt{2}}$ cm

HはACの中点だから AH＝$\boxed{3\sqrt{2}}$ cm

△OHAは $\boxed{\text{直角三角形}}$ であるから

OH² $+ (3\sqrt{2})^2 = \boxed{9}\,{}^2$ OH² $= \boxed{63}$

OH＞0であるから OH＝$\boxed{3\sqrt{7}}$ cm

体積は $\dfrac{1}{3} \times \boxed{6}\,{}^2 \times \boxed{3\sqrt{7}} = \boxed{36\sqrt{7}}$ (cm³) （ $36\sqrt{7}\,\text{cm}^3$ ）

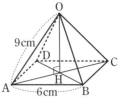

❷ いろいろな問題 教 p.203～p.204

いろいろな問題

展開図で，BHが一直線になるとき，もっとも短くなるよ。

空間図形や平面図形のなかに，直角三角形をつくり，三平方の定理を利用して求める。

例 右の図の直方体の表面に，点Bから辺CGを通って点Hまで糸をかける。この糸がもっとも短くなるときの，糸の長さを求めなさい。

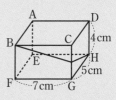

考え方 展開図でBHを斜辺とする直角三角形を考える。

重要 例題

例題1 上の**例**において，右の展開図の一部に，長さがもっとも短くなるときの糸のようすをかき入れた。この図をもとにして，糸の長さを求めなさい。

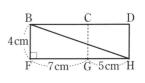

〈**解答**〉 求める長さは，線分BHである。△BFHは 直角三角形 であるから，$4^2 +$ 12 $^2 =$ BH ^{2}　BH$^2 =$ 160

BH＞0であるから，BH＝ $4\sqrt{10}$ cm　　　($4\sqrt{10}$ cm　　　)

例題2 上の**例**において，点Bから辺ADを通って点Hまで糸をかける。もっとも短くなるときの長さを，右の展開図の一部にかいて求めなさい。

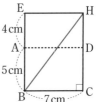

〈**解答**〉 糸のようすは，右のようになるので，線分BHの長さを求めればよい。

△BCHは 直角三角形 であるから

$7^2 +$ 9 $^2 =$ BH ^{2}　BH$^2 =$ 130

BH＞0であるから，BH＝ $\sqrt{130}$ cm　　　($\sqrt{130}$ cm　　　)

例題 3 右の図のように，縦が8cm，横が10cmの
長方形ABCDの紙を，対角線ACを折り目として
折った。このとき，FCの長さを求めなさい。

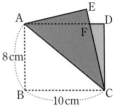

〈解答〉 △EACは△BACを折り返したものだから，
∠ECA＝∠ $\boxed{BCA}$ 。平行線の錯角は等しいから，
∠FAC＝∠BCAで∠FAC＝∠ $\boxed{FCA}$ 。よって，
△FACは二等辺三角形である。FC＝$x$cmとすると，FD＝（$\boxed{10-x}$）cm
で，△CDFは直角三角形だから，$8^2+(\boxed{10-x})^2=x^2$

これを解くと，$x=\boxed{\dfrac{41}{5}}$ （ $\dfrac{41}{5}$ cm ）

例題 4 右の図のように，縦が6cm，横が8cmの
長方形ABCDの紙を，頂点Dが辺BCの中点Mと
重なるように折った。このとき，CFの長さを求め
なさい。

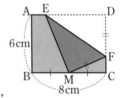

〈解答〉 △EMFは△EDFを折り返したものだから，
MF＝$\boxed{DF}$ 。CF＝$x$cmとすると，MF＝（$\boxed{6-x}$）cmとなる。
△CMFは $\boxed{直角三角形}$ であるから，$x^2+\boxed{4}^2=(\boxed{6-x})^2$

これを解くと，$x=\boxed{\dfrac{5}{3}}$ （ $\dfrac{5}{3}$ cm ）

例題 5 右の図のように，ABを直径とする半円
と，その周上の点Pを通る接線がある。また，A,
Bを通る直径ABの垂線との交点をそれぞれC,
Dとする。AC＝4cm，BD＝9cmのとき，直
径ABの長さを求めなさい。

〈解答〉 CからBDに垂線をひき，BDとの交点をEとすると
DE＝DB−EB＝DB−CA＝$\boxed{9}$ −4＝$\boxed{5}$ （cm）
CD＝CP+PD＝CA+BD＝4+$\boxed{9}$ ＝$\boxed{13}$ （cm）
△CDEは直角三角形だから $CE^2+5^2=\boxed{13}^2$ $CE^2=\boxed{144}$
CE＝$\boxed{12}$ cm よって AB＝$\boxed{12}$ cm （ 12cm ）

□ 1辺が a の正方形の対角線の長さは □ である。　　$\sqrt{2}\,a$

□ 1辺が a の正三角形の高さは □ である。　　$\dfrac{\sqrt{3}}{2}\,a$

□ 3つの角が45°，45°，90°である直角三角形と，30°，　① $\sqrt{2}$

60°，90°である直角三角形の3辺の長さの比は，次の　② 2　③ $\sqrt{3}$

ようになる。

□ 右の図で，$x=$ ①，　　　　　　　　　　　　　① $3\sqrt{3}$

$y=$ ②，$z=$ ③ である。　　　　　　　　② $4\sqrt{2}$　③ 4

□ 2点A$(3,\ 4)$，B$(5,\ 7)$の間の距離は □ である。　　$\sqrt{13}$

□ 半径が r の円Oで，中心Oからの距　　　　　　　　$2\sqrt{r^2-a^2}$

離が a である弦の長さは，□ で

ある。

□ 縦，横，高さが，それぞれ a，b，c の直方体の対角　　$\sqrt{a^2+b^2+c^2}$

線の長さは，□ である。

□ 1辺が a の立方体の対角線の長さは，□ である。　　$\sqrt{3}\,a$

□ 底面の半径が r，母線の長さが a の円錐の　　　　　$\sqrt{a^2-r^2}$

高さは，□ である。

□ 底面の半径が r，母線の長さが a の円錐の体積は，　　$\dfrac{1}{3}\pi r^2\sqrt{a^2-r^2}$

□ である。

$$\boxed{\text{節末 練習・問題}} \quad \boxed{\text{教 p.205}}$$

〔特別な直角三角形の3辺の比〕

1 右の図で，x，y の値を求めなさい。

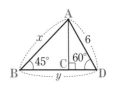

$AC:6=\sqrt{3}:2,\quad AC=3\sqrt{3},\quad BC=AC=3\sqrt{3}$

$x:3\sqrt{3}=\sqrt{2}:1,\quad x=3\sqrt{6}$

$CD:6=1:2,\quad CD=3,\quad y=BC+CD=3\sqrt{3}+3$

$$(\quad x=3\sqrt{6},\quad y=3\sqrt{3}+3\quad)$$

〔平面図形への利用〕

2 次の(1)〜(4)を求めなさい。

(1) 1辺が4cmの正方形の対角線の長さ　対角線の長さを$x$cmとすると，

$x^2=4^2+4^2=32$　　$x>0$であるから　$x=4\sqrt{2}$　　$(\quad 4\sqrt{2}\ \text{cm}\quad)$

(2) 1辺が8cmの正三角形の高さ　高さを$h$cmとすると，

底辺の長さの半分は4cmだから，$4^2+h^2=8^2$　$h^2=48$　$(\quad 4\sqrt{3}\ \text{cm}\quad)$

(3) 2点A$(-2,\ 3)$，B$(4,\ -1)$の間の距離　$AB=d$とすると，

$d^2=\{4-(-2)\}^2+\{3-(-1)\}^2=52$　$d=2\sqrt{13}$　　$(\quad 2\sqrt{13}\quad)$

(4) 右の円の弦ABの長さ

円の中心Oから弦ABにひいた垂線をOHとすると，

　$AH^2=10^2-6^2=64$　$AH=8\ \text{cm}$

　よって，$AB=2AH=16(\text{cm})$　　$(\quad 16\ \text{cm}\quad)$

〔空間図形への利用〕

3 次の(1)，(2)を求めなさい。

(1) 縦4cm，横5cm，高さ7cmの直方体の対角線の長さ

$\sqrt{4^2+5^2+7^2}=\sqrt{90}=3\sqrt{10}(\text{cm})$　　$(\quad 3\sqrt{10}\ \text{cm}\quad)$

(2) 底面の半径が3cm，母線の長さが9cmの円錐の体積

円錐の高さを$h$cmとすると，$h^2=9^2-3^2=72$　$h=6\sqrt{2}$

体積は，$\dfrac{1}{3}\times\pi\times3^2\times6\sqrt{2}=18\sqrt{2}\,\pi\,(\text{cm}^3)$　　$(\quad 18\sqrt{2}\,\pi\ \text{cm}^3\quad)$

1 下の図の直角三角形で，x の値を求めなさい。

(1)

$x^2 = 12^2 - 9^2 = 63$

$x > 0$ であるから $x = 3\sqrt{7}$

($x = 3\sqrt{7}$)

(2)

$x^2 = (2\sqrt{3})^2 + (3\sqrt{2})^2 = 30$

$x > 0$ であるから $x = \sqrt{30}$

($x = \sqrt{30}$)

2 次の長さを 3 辺とする三角形のうち，直角三角形はどれか答えなさい。

㋐ 5cm，7cm，9cm ㋑ 7cm，24cm，25cm

㋒ $\sqrt{6}$ cm，$2\sqrt{3}$ cm，$\sqrt{19}$ cm ㋓ 0.9m，1.2m，1.5m

㋐ $5^2 + 7^2 = 74$，$9^2 = 81$…直角三角形でない

㋑ $7^2 + 24^2 = 625$，$25^2 = 625$…直角三角形

㋒ $(\sqrt{6})^2 + (2\sqrt{3})^2 = 18$，$(\sqrt{19})^2 = 19$…直角三角形でない

㋓ $0.9^2 + 1.2^2 = 2.25$，$1.5^2 = 2.25$…直角三角形 (㋑，㋓)

3 下の図で，x，y の値を求めなさい。

(1)

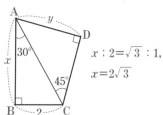

$x : 2 = \sqrt{3} : 1$,

$x = 2\sqrt{3}$

$AC : 2 = 2 : 1$，$AC = 4$

$4 : y = \sqrt{2} : 1$，$y = 2\sqrt{2}$

($x = 2\sqrt{3}$，$y = 2\sqrt{2}$)

(2)

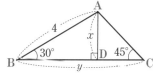

$4 : x = 2 : 1$，$x = 2$

$DC = AD = x = 2$

$BD : 4 = \sqrt{3} : 2$，$BD = 2\sqrt{3}$

$y = BD + DC = 2\sqrt{3} + 2$

($x = 2$，$y = 2\sqrt{3} + 2$)

4 右の図で，A，Bは，関数 $y=x^2$ のグラフ上の点で，x 座標はそれぞれ -2，1 である。線分ABの長さを求めなさい。

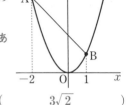

　点A，Bの座標は，それぞれ $(-2, 4)$，$(1, 1)$ である。AB$=d$ とすると

$$d^2=\{1-(-2)\}^2+(4-1)^2=18$$

　$d>0$ であるから　$d=3\sqrt{2}$

　　　　　　　　　　　　（　　　$3\sqrt{2}$　　　）

5 右の図のような $\triangle$ABCの面積を，次の(1)〜(3)の手順で求めなさい。

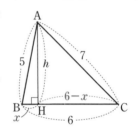

(1)　AH$=h$，BH$=x$として，$\triangle$ABHと $\triangle$ACHで三平方の定理を使い，h^2 をそれぞれ x の式で表しなさい。

　　$\triangle$ABHで　$h^2=5^2-x^2=25-x^2$

　　$\triangle$ACHで　$h^2=7^2-(6-x)^2=13+12x-x^2$

　　（　$h^2=25-x^2$，$h^2=13+12x-x^2$　）

(2)　(1)で求めた式から h^2 を消去して x の値を求めなさい。

　　$25-x^2=13+12x-x^2$，$12x=12$，$x=1$　　（　　　$x=1$　　　）

(3)　h の値を求め，$\triangle$ABCの面積を求めなさい。

　　$h^2=25-1^2=24$，$h=2\sqrt{6}$

　　求める面積は　$\dfrac{1}{2}\times6\times2\sqrt{6}=6\sqrt{6}$　　（　$h=2\sqrt{6}$，面積　$6\sqrt{6}$　）

でる6 右の図のような，半径が9cmの円Oで，弦AB の長さが12cmのとき，円の中心Oと弦ABとの距離を求めなさい。

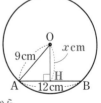

　円の中心Oから弦ABに垂線をひき，ABとの交点をHとすると，HはABの中点で，$\triangle$OAHは直角三角形となる。OH$=x$cmとすると，AH$=6$cmだから

　　$x^2=9^2-6^2=45$，$x=3\sqrt{5}$　　（　　　$3\sqrt{5}$ cm　　　）

7 右の図は，辺の長さがどれも12cmである正四角錐で，底面の正方形の対角線の交点をHとする。この正四角錐の体積を求めなさい。

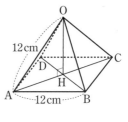

ACは正方形の対角線だから　$AC=12\sqrt{2}$ cm

HはACの中点だから　$AH=6\sqrt{2}$ cm

△OAHは直角三角形であるから

$OH^2=12^2-(6\sqrt{2})^2=72$,　$OH=6\sqrt{2}$ cm

体積は　$\dfrac{1}{3}\times12^2\times6\sqrt{2}=288\sqrt{2}$ (cm³)　　　（　　$288\sqrt{2}$ cm³　　）

8 右の図のように，円錐上の点Bから円錐の側面にそって，1周するように糸をかける。この糸がもっとも短くなるときの糸の長さを，展開図を利用して求めなさい。

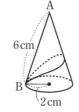

側面の展開図のおうぎ形の中心角は

$$360°\times\dfrac{4\pi}{12\pi}=120°$$

点AからBB′に垂線AHをひくと

$∠BAH=120°÷2=60°$である。

△ABHは，30°，60°，90°の角をもつ直角三角形だから

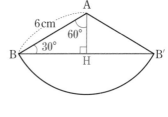

$BH:6=\sqrt{3}:2$　　$BH=3\sqrt{3}$ cm

$BB′=2BH=2\times3\sqrt{3}=6\sqrt{3}$ (cm)　　　（　　$6\sqrt{3}$ cm　　）

 この考え方も 身につけよう

立方体の対角線の長さから立方体の1辺を求める方法

右の図の立方体で，対角線BHの長さが6のときの立方体の1辺の長さxは，

$x^2+x^2+x^2=6^2$,　$3x^2=36$,　$x^2=12$

$x>0$より，$x=2\sqrt{3}$

xについての2次方程式を解けばいいね。

8章 集団全体の傾向を推測しよう
──標本調査

1節 標本調査

要点

❶ 標本調査 **教** p.212〜p.217

全数調査……調査の対象となる集団全部について調べること。

標本調査……集団の一部分を調べて，全体の傾向を推測する調査のこと。

母集団と標本……標本調査を行うとき，傾向を知りたい集団全体を**母集団**という。また，母集団の一部分として取り出して実際に調べたものを**標本**といい，取り出したデータの個数を，標本の大きさという。

テレビの視聴率は，標本調査を利用している代表的なものだよ。

★母集団から，かたよりのないように標本を取り出すことを，**無作為に抽出する**という。

重要 例題

例題1 次の調査は，全数調査，標本調査のどちらか答えなさい。

(1) あるスーパーが行う，イチゴの糖分の割合の調査

(2) ある川を遡上してくるサケのオスとメスの割合の調査

(3) 空港の搭乗口で行われる手荷物の検査

〈解答〉 (1) 全数 調査を行うと，売る商品がなくなるので， 標本 調査。

(2) 全数 調査を行うには，手間がかかり過ぎるので， 標本 調査。

(3) 標本 調査では，危険物が持ち込まれる可能性があるので， 全数 調査。

例題2 ある都市の有権者38705人から，500人を選び出して世論調査を行った。この調査の母集団，標本はそれぞれ何か。

〈解答〉 この調査では，有権者 38705 人が母集団，実際に調査を行った有権者 500 人が標本である。

118

標本調査の方法

標本調査において，母集団から標本を無作為に抽出する方法には，次のようなものがある。

- ・乱数さいを使う方法
- ・乱数表を使う方法
- ・コンピューターの表計算ソフトを使う方法

母集団の平均値の推定

母集団から無作為に抽出した標本の平均値から，母集団の平均値がおよそどのくらいかを推定することができる。

標本の大きさが大きくなるほど，標本の平均値は母集団の平均値に近づいていくよ。

例題

例題1 袋の中に白色とオレンジ色の卓球のボールが合わせて200個入っている。袋の中をよくかき混ぜたあと，その中から20個を無作為に抽出して，それぞれの色のボールの個数を数えて袋の中にもどす。下の表は，これを5回行ったときの結果をまとめたものである。

	1回目	2回目	3回目	4回目	5回目
白色	14	17	16	13	15
オレンジ色	6	3	4	7	5

(1) 上の表で，取り出した白色のボールの個数の平均値を求めなさい。

(2) (1)で求めた平均値から，袋の中に入っている白色のボールの割合はどのくらいだと推定できるか。

〈解答〉 (1) $(14+17+16+13+15) \div 5 = \boxed{15}$（個）

(2) $\dfrac{15}{20} = \dfrac{3}{4} (0.75)$

母集団の数量の推定

要点
　標本調査では，母集団と標本において，集団の傾向がほぼ同じになっていることを利用する。

例　袋の中に白い碁石と黒い碁石が合わせて150個入っている。この袋の中から18個の碁石を無作為に抽出したら，黒い碁石が12個入っていた。

世論調査で，有権者全員を調べないで，無作為に抽出した一部分の人に調査を行うのと，しくみは同じだよ。

① 袋の中の150個の碁石を母集団，取り出した18個の碁石を標本とする。

② 碁石の中にふくまれる黒い碁石の割合は，母集団と標本でほぼ等しいと考えられる。

③ 取り出した碁石にふくまれる黒い碁石の割合は

$$\frac{12}{18} = \frac{2}{3}$$

したがって，袋の中全体の碁石のうち，黒い碁石の総数は，およそ $150 \times \frac{2}{3} = 100$（個）と考えられる。

重要 **例題**

例題1 赤球と白球が合わせて160個入っている箱の中から，24個の球を無作為に抽出したら，赤球が18個入っていた。この箱の中には，およそ何個の赤球が入っていると考えられるか求めなさい。

〈解答〉　箱の中の　160　個の球を母集団，取り出した　24　個の球を標本とすると，赤球の割合は，母集団と　標本　でほぼ等しいと考えられる。

　取り出した球にふくまれる赤球の割合は　$\dfrac{18}{24} = \dfrac{3}{4}$

　したがって，箱の中全体の球のうち，赤球の総数は，およそ

$$\boxed{160} \times \frac{3}{4} = 120（個）$$

（およそ120個）

❷ 標本調査の利用 教 p.218〜p.219

身のまわりで行われた標本調査の方法や結論について考察するとき，次のようなことを確認するとよい。

調査の方法や結論について，適切かどうかを確認することが大事ですね。

・母集団と標本が適切に設定されているかどうか
・母集団からどのように標本を抽出しているのか
・結論が調査の結果にもとづいているか

例 ある中学校で男子に人気のスポーツについて知るために，運動部に所属している男子にアンケート調査をした。この調査方法は適切といえるか。

考え方 運動部に所属している男子だけのデータが集まり，かたよった標本を抽出したことになってしまうため，適切とはいえない。

重要 例題

例題1 「中学生はどんな漫画作品が好きか」を知りたいとき，ある漫画雑誌を定期購読している中学生に対してアンケート調査をし，その結果をまとめた。この調査方法は適切といえるか。

〈**解答**〉 ある漫画雑誌を定期購読している中学生だけにアンケート調査をすれば，その雑誌を定期購読している中学生のデータが集まり，かたよった標本を抽出したことになってしまう。標本を 無作為に 抽出したことにはならないため，中学生全体の傾向はつかめない。

(適切といえない。)

□集団の一部分を調査して全体を推測するような調査を □ という。 : 標本調査

□調査の対象となっている集団全部について調査することを □ という。 : 全数調査

□標本調査で，傾向を知りたい集団全体を □ という。 : 母集団

□標本調査で，母集団の一部分として取り出して実際に調べたものを □ という。 : 標本

□標本調査で，取り出したデータの個数を □ という。 : 標本の大きさ

□あるテレビ番組の視聴率調査で，中学生のいる世帯だけを調査した。このような調査方法は適切で □。 : ない

□標本調査で，標本を取り出すときには，かたよりのないように取り出す。このことを □ に抽出するという。 : 無作為

□標本をかたよりなく取り出すときなどに使う，0から9までの数字が不規則に並んだ表を □ という。 : 乱数表

□標本調査では，母集団と標本において，集団の傾向がほぼ □ となっていることを利用する。 : 同じ

□箱の中に白球がいくつか入っている。標本調査を利用して，白球の数を調べるために，箱の中に赤球を60個加えて，よくかき混ぜた後，箱の中から30個の球を無作為に抽出したところ，赤球は10個あった。この標本調査で，母集団は何か。 : 箱の中の白球と赤球

□赤球と白球が合わせて60個入っている箱がある。この箱の中から12個の球を無作為に抽出したら，赤球が3個ふくまれていた。この箱の中には，およそ何個の赤球が入っていると考えられるか。 : およそ15個

〔標本調査と全数調査〕

1 次の調査は，全数調査，標本調査のどちらか答えなさい。

(1) 学校で行う視力検査

生徒全員が受けなければならない。 （ 全数調査 ）

(2) ある湖の水質調査

湖の中の何か所かを選んで水質を調べる。 （ 標本調査 ）

〔母集団と標本〕

2 A市の中学生全員の中から，800人を選び出して，1日の学習時間を聞き取る調査をした。

(1) この調査で，母集団，標本はそれぞれ何か。

（ 母集団…A市の中学生全員，標本…選ばれた800人 ）

(2) 標本の大きさを答えなさい。

実際に調べる中学生の人数。 （ 800 ）

(3) 標本の選び方として適しているものを，次の⑦〜⑦から選びなさい。

⑦ 中学3年生の中から選ぶ。

④ 中学生全員の中から，くじや抽選で選ぶ。

⑦ 特定の中学校1校の中から選ぶ。

⑦，⑦では，標本にかたよりが出てしまう。 （ ④ ）

〔母集団の数量の推定〕

3 ある畑で収穫したスイカの中から，20個を無作為に抽出して調べたら，その中の3個は糖度(糖分の割合)が基準よりも低いものだった。この畑で収穫したスイカ840個の中には，糖度が基準よりも低いものが，およそ何個あると考えられるか。一の位を四捨五入して答えなさい。

$840 \times \dfrac{3}{20} = 126$(個)より，およそ130個

（ およそ130個 ）

1 次の調査は，全数調査，標本調査のどちらか。

(1) ある工場で製造している電池の寿命調査

（　標本調査　）

(2) ボクシング選手の試合前日の体重の調査

（　全数調査　）

(3) 渡り鳥が一生のうちで移動する総距離を調べる調査

（　標本調査　）

2 袋の中に白ゴマが何粒か入っている。標本調査を利用して，白ゴマの数を調べるために，次のような方法をとった。

① 袋の中に黒ゴマを50粒加えた。

② 袋の中をよくかき混ぜた後，45粒のゴマを無作為に抽出したら，黒ゴマが5粒ふくまれていた。

この標本調査について，次の問に答えなさい。

(1) この標本調査で，母集団，標本はそれぞれ何か。

（母集団…袋の中の白ゴマと黒ゴマ，標本…取り出した45粒のゴマ）

(2) 無作為に抽出したゴマにふくまれる黒ゴマの割合を，もっとも簡単な分数で表しなさい。　$\dfrac{5}{45}=\dfrac{1}{9}$

（　$\dfrac{1}{9}$　）

(3) 袋の中の白ゴマの数をx粒として，黒ゴマを加えた後の袋の中のゴマにふくまれる黒ゴマの割合を，分数で表しなさい。

袋の中には$(x+50)$粒のゴマが入っている。
そのうちの50粒は黒ゴマである。

（　$\dfrac{50}{x+50}$　）

(4) 袋の中の白ゴマの数は，およそ何粒と考えられるか。

$\dfrac{1}{9}=\dfrac{50}{x+50}$　$x+50=50\times9$　$x=400$

（　およそ400粒　）

3 ある湖に生息するブラックバスの数を調べるために，湖のいろいろな場所から計40匹のブラックバスを捕獲して，その全部に印をつけて湖に返した。10日後に同じようにして35匹のブラックバスを捕獲したところ，その中に印のついたものが6匹いた。この湖には，およそ何匹のブラックバスが生息していると考えられるか。一の位を四捨五入して答えなさい。

10日後に捕獲したブラックバスのうち，印のついたものの割合は $\dfrac{6}{35}$

湖に生息するブラックバスの総数を x 匹とすると，その中にふくまれる印のついたものの割合は $\dfrac{40}{x}$　$\dfrac{6}{35}=\dfrac{40}{x}$　$6\times x=35\times40$　$x=233.3\cdots$

一の位を四捨五入すると，230

（　およそ230匹　）

4 ある工場では，1日に1万個の製品を作っている。不良品がないか調べるために，毎朝工場が稼働してからはじめの100個を取り出して検査しているが，この調べ方には問題がある。調べ方をどのように変えるとよいか。A〜Cから1つ選びなさい。

A　工場が稼働してからはじめに取り出す数を，200個に増やす。

B　検査する100個の製品は，乱数表を利用して取り出す。

C　その日作った製品のうち，最後に作った100個を取り出して調べる。

（　　B　　）

✏ **この考え方も 身につけよう**

比例式の計算「$a:b=m:n$ ならば $an=bm$」の利用

例　赤球と白球が合わせて200個入っている袋の中から15個の球を無作為に抽出したら，赤球は6個だった。袋の中には，およそ何個の赤球が入っているか。

抽出した球		袋の中全体
$6:15$	$=$	$x:200$
$15x$	$=$	6×200

$x=80$ より，およそ80個

袋の中の赤球の数を x 個とおくよ。

125

〈中3の重要公式集〉

(1) **乗法公式**

① $(x+a)(x+b)=x^2+(a+b)x+ab$

② $(x+a)^2=x^2+2ax+a^2$　　③ $(x-a)^2=x^2-2ax+a^2$

④ $(x+a)(x-a)=x^2-a^2$

(2) **因数分解の公式**

①′ $x^2+(a+b)x+ab=(x+a)(x+b)$

②′ $x^2+2ax+a^2=(x+a)^2$　　③′ $x^2-2ax+a^2=(x-a)^2$

④′ $x^2-a^2=(x+a)(x-a)$

(3) **平方根の大小**

a, b が正の数で, $a<b$ ならば $\sqrt{a}<\sqrt{b}$

(4) **平方根の積と商**　a, b を正の数とするとき

① $\sqrt{a}\times\sqrt{b}=\sqrt{ab}$　　　　② $\sqrt{a}\div\sqrt{b}=\dfrac{\sqrt{a}}{\sqrt{b}}=\sqrt{\dfrac{a}{b}}$

(5) **2次方程式の解の公式**

2次方程式 $ax^2+bx+c=0$ の解は　$x=\dfrac{-b\pm\sqrt{b^2-4ac}}{2a}$

(6) **因数分解による2次方程式の解き方**

2つの数を A, B とするとき　$AB=0$ ならば $A=0$ または $B=0$ を利用する。

(7) **関数 $y=ax^2$ の変化の割合**

$$(\text{変化の割合})=\dfrac{(y\text{の増加量})}{(x\text{の増加量})}$$

(8) **比の性質**

$a:c=b:d$ ならば $a:b=c:d$

(9) **三角形の相似条件**

① 3組の辺の比がすべて等しい。

$a:a'=b:b'=c:c'$

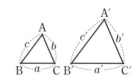

② 2組の辺の比とその間の角がそれぞれ等しい。

$$\begin{cases} a:a'=c:c' \\ \angle B=\angle B' \end{cases}$$

③ 2組の角がそれぞれ等しい。

$$\begin{cases} \angle B=\angle B' \\ \angle C=\angle C' \end{cases}$$

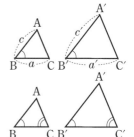
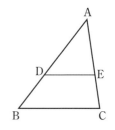

⑽ **三角形と比の定理** 右の図で，

DE // BC ならば

① AD : AB = AE : AC = DE : BC

② AD : DB = AE : EC

⑾ **三角形と比の定理の逆** 右の図で，

① AD : AB = AE : AC ならば DE // BC

② AD : DB = AE : EC ならば DE // BC

⑿ **中点連結定理**

△ABCの2辺AB，ACの中点をそれぞれM，N
とすると，

$$MN // BC, \quad MN = \frac{1}{2}BC$$

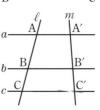

⒀ **平行線と比**

平行な3つの直線a, b, cが直線ℓとそれぞれA, B,
Cで交わり，直線mとそれぞれA′, B′, C′で交われば

AB : BC = A′B′ : B′C′

⒁ **相似な図形の面積比と体積比**

① 相似な図形で，その相似比が$m:n$であるとき，面積比は，$m^2:n^2$

② 相似な立体で，その相似比が$m:n$であるとき，体積比は，$m^3:n^3$

⒂ **円周角の定理**

1つの弧に対する円周角の大きさは一定であり，その弧に対する中心
角の半分である。

⒃ **円周角と弧** 1つの円において,

  ① 等しい円周角に対する弧は等しい。

  ② 等しい弧に対する円周角は等しい。

⒄ **直径と円周角**

  線分ABを直径とする円の周上にA, Bと異なる点Pをとれば

$$\angle APB = 90°$$

⒅ **円周角の定理の逆**

  4点A, B, P, Q について, P, Q が直線ABの同じ側にあって $\angle APB = \angle AQB$ ならば, この4点は1つの円周上にある。

⒆ **円外の1点からの接線**

  円外の1点から, その円にひいた2つの接線の長さは等しい。

⒇ **三平方の定理**

  直角三角形の直角をはさむ2辺の長さを a, b, 斜辺の長さを c とすると $a^2 + b^2 = c^2$

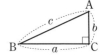

(21) **三平方の定理の逆**

  三角形の3辺の長さ a, b, c の間に $a^2 + b^2 = c^2$ という関係が成り立てば, その三角形は, 長さ c の辺を斜辺とする直角三角形である。

(22) **特別な直角三角形の3辺の比**

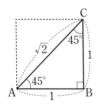 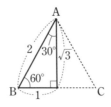

(23) **標本調査の利用**

  標本調査で数量を推定するには, 母集団と標本とで数量の割合がほぼ等しいと考えればよい。

  標本調査の方法や結論が適切であるか考察する。